“十四五”高等职业教育机电类专业系列教材

单片机技术应用

于竹林　刘永强　庞敏敏◎主　编
张　斌　蒋雯先　杨雯宇◎副主编

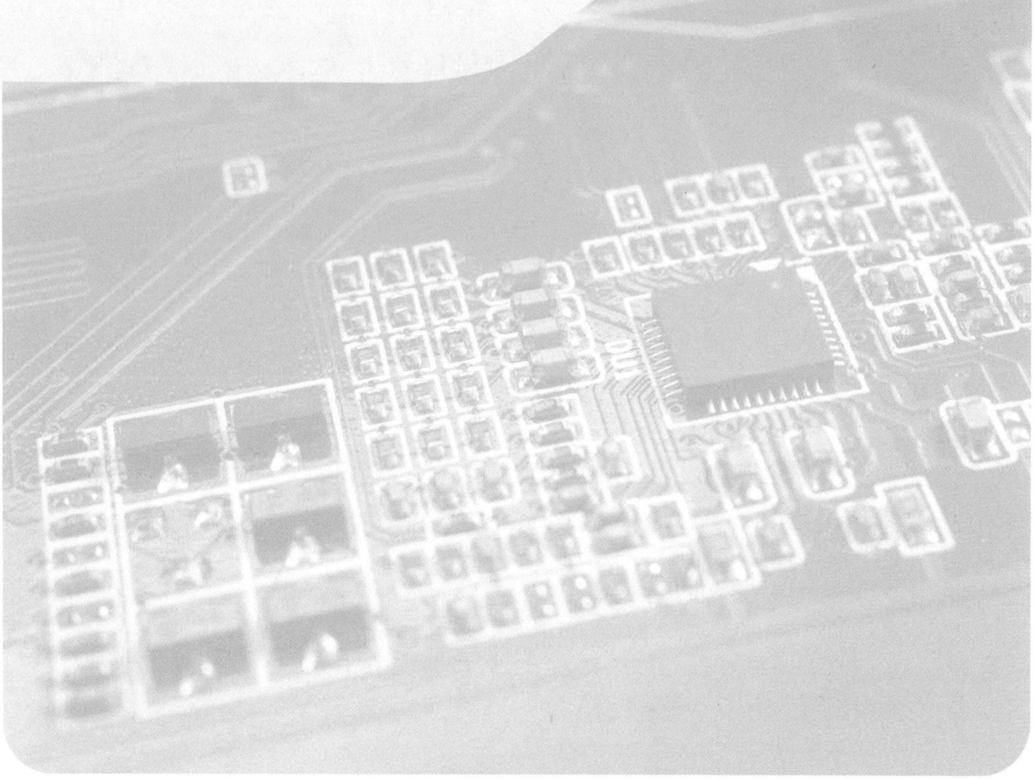

中国铁道出版社有限公司
CHINA RAILWAY PUBLISHING HOUSE CO., LTD.

内 容 简 介

本书为“十四五”高等职业教育机电类专业系列教材之一。全书以项目引领、任务驱动的方式编写，以工作过程为导向，以职业活动为基准，融入岗位能力素养需求。全书包括六个项目，项目设置按照学生认知规律，由单一化到综合化，分为基本项目、核心项目、扩展项目和综合项目。项目一和项目二为基本项目，将单片机最小系统、基本输入/输出电路及编程基础融入其中；项目三和项目四为核心项目，着重讲述单片机定时中断及 A/D 采集的应用；项目五为扩展项目，重点介绍单片机的串行通信；项目六为综合项目，以移动机器人为载体，进行单片机应用系统的综合设计与开发。

本书内容从岗位需求出发，每个项目根据要求设定具体任务，每个任务按照“任务描述、知识链接、任务实施、任务总结、任务评价、任务拓展、知识训练”几个环节展开，充分体现实际产品开发过程，注重“岗课赛证”融通，引入行业新技术、新标准，具有很强的实用性和可操作性，非常方便开展高效教学。

本书适合作为高等职业院校电子信息类、自动化类、机械设计制造类等专业的单片机应用技术课程教材，也可作为中等职业学校、成人教育、开放大学以及培训班的教材，或自学者与工程技术人员的参考书。

图书在版编目(CIP)数据

单片机技术应用 / 于竹林，刘永强，庞敏敏主编．北京：中国铁道出版社有限公司，2025．6．--（“十四五”高等职业教育机电类专业系列教材）．-- ISBN 978-7-113-31757-7

Ⅰ．TP368.1

中国国家版本馆 CIP 数据核字第 202515KU12 号

书　　名：单片机技术应用
作　　者：于竹林　刘永强　庞敏敏

策　　划：何红艳　　**编辑部电话：**(010)63560043
责任编辑：何红艳　绳　超
封面设计：刘　颖
责任校对：刘　畅
责任印制：赵星辰

出版发行：中国铁道出版社有限公司(100054，北京市西城区右安门西街 8 号)
网　　址：https://www.tdpress.com/51eds
印　　刷：河北宝昌佳彩印刷有限公司
版　　次：2025 年 6 月第 1 版　2025 年 6 月第 1 次印刷
开　　本：787 mm×1 092 mm　1/16　**印张：**12.5　**字数：**302 千
书　　号：ISBN 978-7-113-31757-7
定　　价：45.00 元

前　言

单片机作为嵌入式系统的核心部件,已成为现代电子设计与自动化控制领域不可或缺的重要技术,很多院校都将单片机技术应用作为电类相关专业的一门核心课程。本书从岗位职业能力和素养出发,设计任务,构建教学项目,充分发挥教材的实践性和思政育人功能。作为面向职业院校学生的教材,主要突出以下特点:

1. 以职业岗位素养为抓手,构建课程思政体系

在项目的各模块化任务中多个环节融入课程思政元素,实现全过程、全方位育人。项目综述中,激发学生的爱国热情,培养科技强国、技术报国的精神。在任务实施过程中,体会爱岗敬业的职业精神,形成专业精神、工匠精神、创新精神等。学生通过任务总结,形成科技强国、严谨求实、团队合作精神等思政感悟。

2. 依据岗位职业能力培养目标,校企协同制定职业能力清单,构建教材内容

编者深入企业单片机应用相关工作岗位,结合实际工作任务,梳理形成单片机应用职业能力清单,根据职业能力清单分析工作任务,将工作任务教学化,形成模块化任务。选择职业能力需求的若干个模块化任务,融入单片机应用行业新技术、新标准,借助技能大赛、1+X 职业证书要求,组合为六个项目。项目的设置按照学生认知规律,由单一化到综合化,分为基本项目、核心项目、扩展项目和综合项目,并渗透职业素养教育。随着新技术、新标准的发展,可通过更新任务,始终保持前瞻性。

3. 采用以项目引领、任务驱动,以工作过程为导向的设计理念

教材采用“项目+任务”编写形式,以工作过程为导向。模块化任务的设计基于工作过程,符合学生认知规律,由任务描述、知识链接、任务实施、任务总结、任务评价、任务拓展、知识训练等环节组成,各环节内容按照具体教学任务组织,同时设计了宽敞的留白,方便读者随时记录学习心得、标记重难点,形成个性化学习笔记。借助项目综述和思维导图描述项目整体概况,形成项目整体知识框架,使学生从总体上把握知识脉络,明确具体任务以及任务间的关系;使学生利用教材能够读懂、看清、模仿、操作,成功完成学习任务,实现专业理论应用举一反三,专业技能螺旋式提升。

4. 以信息技术为手段,构建纸质教材和数字化资源融合的新形态教材

创建了与教材内容配套的微视频、动画、文本等数字化资源库,读者可扫描书中二维码学习。建设了在线开放课程,与教材匹配的项目案例、教案、讨论评价、习题库等资源,服务

学生个性化、多样化学习需求，实现纸质教材和数字化资源有机融合，优势互补。学生可依托教材系统学习课程内容，实现多维度、深层次的高效互动教学模式。

本书由于竹林、刘永强、庞敏敏任主编，张斌、蒋雯先、杨雯宇任副主编，参与编写的还有董玉娜、张连莹、张彤彤、于韶东、宫佳成。具体分工如下：于竹林制定编写大纲并编写项目二，蒋雯先和董玉娜编写项目一，庞敏敏和张连莹编写项目三，杨雯宇和于韶东编写项目四，张斌和宫佳成编写项目五，刘永强和张彤彤编写项目六。在本书的编写过程中，编者参考了许多相关著作和资料，在此向相关作者一并表示感谢。

由于编者水平有限，书中难免存在疏漏与不足之处，恳请读者批评指正。

编　者

2025 年 1 月

资源目录列表

续表

序号	项目	内容	页码	类别
28	项目二	中断的响应	69	二维码-视频
29		74LS30 芯片手册	70	二维码-素材
30		74LS04 芯片手册	70	二维码-素材
31		抢答器抢答功能源程序	72	二维码-素材
32		STM32 中文参考手册	75	二维码-素材
33	项目三	数码管动态显示	78	二维码-视频
34		数码管动态显示电路设计	80	二维码-视频
35		数码管动态显示软件设计	81	二维码-视频
36		动态显示源代码	81	二维码-素材
37		数码管动态显示原理图	81	二维码-素材
38		数码管动态显示仿真电路图	83	二维码-素材
39		定时器电路原理图	89	二维码-素材
40		定时器源代码	91	二维码-素材
41		定时器仿真原理图	93	二维码-素材
42		运放 LM741 芯片手册	98	二维码-素材
43		心率测量电路原理图	99	二维码-素材
44		心率测量源代码	102	二维码-素材
45	项目四	心率测量仿真电路原理图	105	二维码-素材
46		认识 LCD1602 液晶显示屏	109	二维码-视频
47		LCD1602 显示原理	110	二维码-视频
48		LCD1602 指令系统	111	二维码-视频
49		1602 液晶说明	112	二维码-素材
50		液晶显示模块设计硬件电路图	113	二维码-素材
51		液晶显示模块设计源代码	114	二维码-素材
52		液晶显示模块设计仿真图	115	二维码-素材
53		热电阻及电桥	118	二维码-视频
54		Pt100 手册	119	二维码-素材
55		信号放大电路	121	二维码-视频
56		ADC0809 手册	121	二维码-素材
57		模/数转换电路 ADC0809	122	二维码-视频
58		温度采集功能设计硬件电路图	123	二维码-素材

续表

目　录

项目一

设备故障声光报警器的设计

项目综述

学习笔记

“安全重于泰山，生命高于一切。”安全生产关系到每个人的生命、财产安全，关系到国家经济健康发展，关系到社会稳定。设备故障报警是安全生产的重要保障，工业生产中的设备基本都需要安装相应的声光报警器。声光报警器是一种可以发出声音和光线警告信号的重要安全设备，起到警示、提醒以及紧急情况下的求救作用，可以提高人员对危险情况的感知和反应能力，避免事故发生。

本项目将利用单片机作为控制器设计一个生产设备的故障报警装置，当设备有故障发生时发出声音和不同颜色的灯光信号进行报警。项目任务要求及技术指标：

- 报警器有声音报警和灯光报警功能。当设备出现故障时，声音报警一直长响。
- 灯光报警有三种颜色报警指示：当设备没有故障时，绿色灯长亮；当设备出现一般故障时，绿色灯熄灭，黄色灯闪烁；当设备出现严重故障时，红色灯长亮，其他灯熄灭。

要完成该项目整个系统的设计，可以分为声音报警电路、灯光报警电路两个任务来实现。项目整体设计框图如图 1-1 所示。

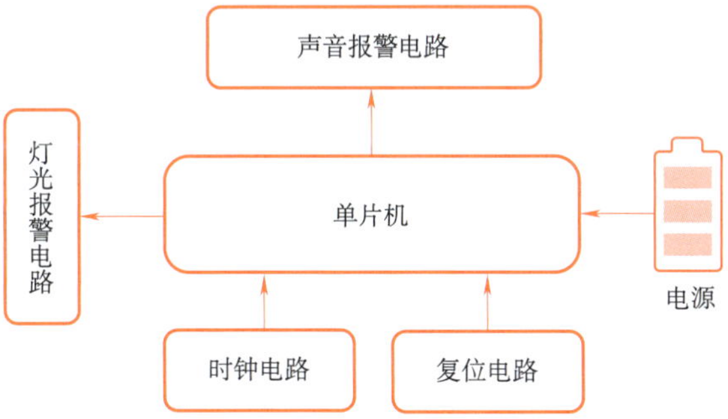

图 1-1　项目整体设计框图

项目导读

学习重点	(1)单片机最小系统的组成及其引脚功能。 (2)单片机并行 I/O 接口特性及特殊功能寄存器。 (3)循环语句、函数

学习笔记

学习难点	(1)时钟电路和复位电路。 (2)特殊功能寄存器的理解与作用。 (3)延时函数的编写
学习方法	动手操作是学习单片机的重要手段。从任务入手,在任务中掌握单片机最小系统及开发过程。通过仿真验证程序及电路的正确性
建议学时	8 学时

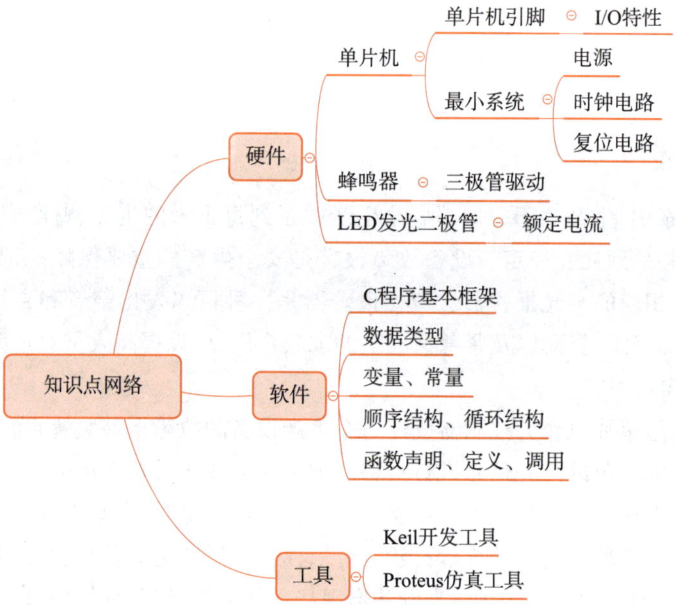

任务一　声音报警功能的设计

✧ 知识目标

- 掌握单片机及其最小系统。
- 掌握单片机软件开发及仿真工具的使用。
- 掌握 C 语言的基本结构和基本语法。

✧ 能力目标

- 能够根据项目需求设计单片机与蜂鸣器接口驱动电路。
- 能够熟练使用 Keil 软件编写单片机 C 语言程序。
- 能够熟练使用 Proteus 软件仿真单片机硬件电路及调试程序。

✧ 素质目标

- 增强安全生产意识,强化安全工作的重要性和紧迫性。
- 培养自立自强意识,提高自主学习能力和创新能力。
- 激发爱国主义情怀,为中国芯片的发展贡献自己的力量。

学习笔记

任务描述

在日常生活中，蜂鸣器广泛应用于报警器、汽车电子设备、计算机等电子产品中作为发声器件。本任务利用蜂鸣器作为设备故障声光报警器的提示设备，当设备出现故障时，通过51 单片机控制蜂鸣器持续发出鸣叫声。

知识链接

1. 认识单片机及 I/O 引脚

1）认识单片机

（1）单片机的定义。单片机（single chip microcomputer）是将中央处理器、程序存储器、数据存储器、输入/输出接口、定时/计数器、可编程串行 I/O 口、系统总线等部件集成到一块硅片上构成的一个小而完善的计算机系统。单片机内部结构图如图 1-2 所示。

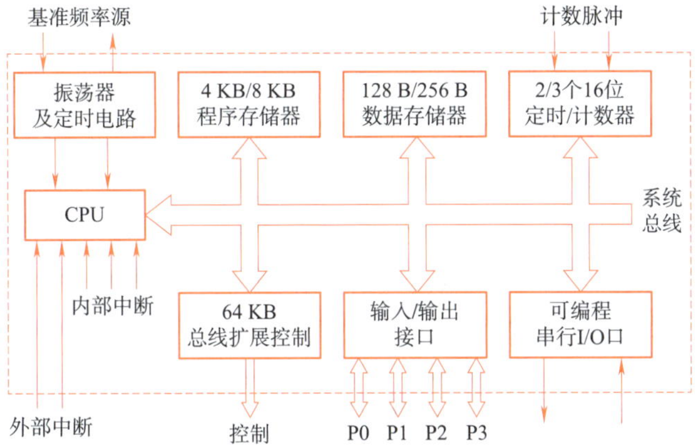

图 1-2　单片机内部结构图

单片机本质上是一个芯片，它具有结构简单、控制功能强、可靠性高、体积小、价格低等优点，广泛应用于工业控制、智能化仪器仪表、家用电器、电子玩具等领域。

随着集成电路的发展，单片机的发展日新月异，自单片机诞生至今，已发展为非常多种类和型号的单片机。如果将 8 位单片机的推出作为起点，单片机的发展历史大致可分为以下几个阶段：

第一阶段（1976—1978）：单片机的探索阶段。以 Intel 公司的 MCS-48 为代表。MCS-48 的推出在工控领域取得了满意的效果。

第二阶段（1978—1982）：单片机的完善阶段。Intel 公司在 MCS-48 基础上推出了完善的、典型的单片机系列 MCS-51。它在以下几方面奠定了典型的通用总线型单片机体系结构。

①完善的外部总线。MCS-51 设置了经典的 8 位单片机的总线结构，包括 8 位数据总线、16 位地址总线、控制总线以及具有多机通信功能的串行通信接口。

②CPU 外围功能单元的集中管理模式。

③体现工控特性的位地址空间及位操作方式。

④指令系统趋于丰富和完善，并且增加了许多突出控制功能的指令。

第三阶段（1982—1990）：8 位单片机的巩固发展及 16 位单片机的推出阶段，也是单片机

学习笔记

向微控制器发展的阶段。Intel 公司推出的 MCS-96 系列单片机，将一些用于测控系统的模/数(A/D)转换器、程序运行监视器、脉宽调制器等纳入片中，体现了单片机的微控制器特征。随着 MCS-51 系列单片机广泛应用，许多电气厂商竞相使用 80C51 为内核，将许多测控系统中使用的电路技术、接口技术、多通道 A/D 转换器、可靠性技术等应用到单片机中，增强了外围电路功能，强化了智能控制的特征。

第四阶段(1990 至今)：微控制器的全面发展阶段。随着单片机在各个领域全面深入的发展和应用，出现了高速、大寻址范围、强运算能力的 8 位/16 位/32 位通用型单片机，以及小型廉价的专用型单片机。

(2)常用单片机类型：

①51 系列单片机。随着 Intel 公司 MCS-51 单片机的广泛应用，许多著名的半导体制造商向 Intel 公司购买其芯片的核心技术进行研究，推出了很多使用广泛的单片机型号，例如 Atmel 公司的 AT89 系列单片机、深圳市宏晶科技有限公司的 STC89 系列单片机等，均属于 51 系列单片机。

小提示：

51 单片机是对目前所有兼容 MCS-51 指令系统单片机的统称，包括 Intel MCS-51 系列以及其他厂商生产的兼容 MCS-51 内核的增强型 8051 单片机。只要和 MCS-51 内核兼容的单片机，都称为 51 单片机。本书将以 51 系列 8 位单片机为研究对象，不针对某一具体型号单片机进行介绍，读者在实际使用具体型号的单片机时，相关差异可以参考其单片机型号的数据手册。

②AVR 系列单片机。AVR 系列单片机是 Atmel 公司推出的一款具有增强型 RISC(精简指令集计算机)结构、内载 Flash 的单片机。AVR 系列单片机的工作电压为 2.7 ~ 6.0 V，可以实现耗电最优化，其具有高速处理能力，广泛应用于工业实时控制、仪器仪表、宇航设备等领域。

③STM32 系列单片机。STM32 系列单片机是由意法半导体(STMicroelectronics)推出的一款高性能 32 位单片机。是当下使用最广泛的单片机之一，其采用 ARM Cortex-M 内核，运行速度快、具有丰富的外设、比较大的存储容量。此外，STM32 系列单片机还配备了 HTTP、CAN 等多种通信接口，使得其在工控、通信等领域有着广泛的应用。

④ESP32 系列单片机。ESP32 系列单片机是乐鑫科技推出的一种低功耗的 Wi-Fi 和蓝牙双模通信芯片，其拥有 Wi-Fi、蓝牙 4.2、低功耗(BLE)、多个定时器、SPI、I2C 等功能，被广泛应用在物联网、智能家居等领域。

除以上几大类单片机外，许多其他公司都有各自的主打产品，如 MicroChip 公司的 PIC 系列单片机，Motorola 公司的 M6805 系列单片机，华邦公司的 W77、W78 系列单片机等。每种单片机都有其自身的优缺点，适用于不同的应用场景。选用单片机时要根据具体需求进行选择。

(3)单片机应用系统。单片机应用系统是一种以单片机(微控制器)为核心，结合相应的硬件外围电路和软件程序，用于执行特定功能的电子系统。

单片机应用系统的设计包括硬件设计和软件设计两部分，硬件是应用系统的基础，软件则是在硬件的基础上对其资源进行合理调配和使用，从而完成应用系统所要求的任务，二者相互依赖，密不可分。

单片机应用系统设计人员必须从硬件结构和程序设计两个角度来深入了解单片机，将二者有机地结合起来，才能开发出具有特定功能的单片机应用系统。单片机应用系统的组成如图 1-3 所示。

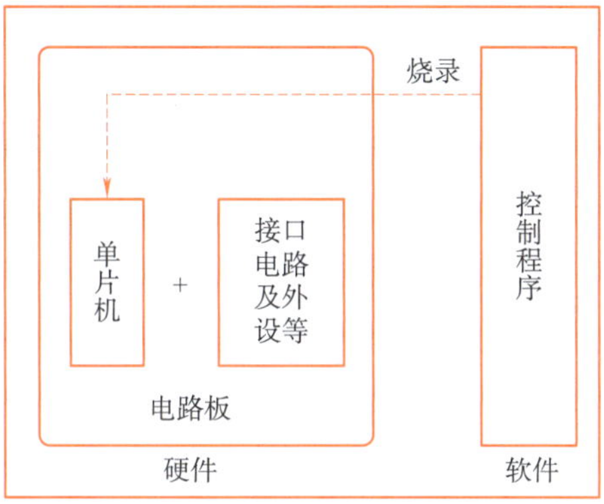

图 1-3　单片机应用系统的组成

2）认识 51 单片机引脚

应用单片机控制外围电路或检测外部信号，需要了解和熟悉单片机的引脚信号，MCS-51 单片机多采用 40 引脚双列直插封装（DIP 封装）。其外形和引脚排列如图 1-4 所示。

图 1-4　51 单片机外形和引脚排列

单片机的 40 个引脚大致可分为四类：电源、时钟、控制和 I/O 引脚。

（1）电源引脚：

①VCC：芯片电源，接 +5 V；

②GND：接地端。

学习笔记

视频

单片机系统工作方式

视频

单片机外部引脚

学习笔记

(2)时钟引脚:

XTAL1、XTAL2:晶体振荡电路反相输入端和输出端。

使用内部振荡电路时,两引脚外接石英晶体振荡器和补偿电容;使用外部振荡信号时,信号从 XTAL2 输入,XTAL1 接地。

(3)控制引脚。控制引脚有 4 个,其中 3 个为复用引脚。所谓复用引脚,是指具有两种功能的引脚,正常使用时是一种功能,在某种条件下是另一种功能。

①ALE/$\overline{\text{PROG}}$:地址锁存允许/片内 EPROM 编程脉冲。

ALE 功能:用来锁存 P0 口送出的低 8 位地址。

$\overline{\text{PROG}}$功能:片内有 EPROM 的芯片,在 EPROM 编程期间,此引脚输入编程脉冲。

②$\overline{\text{PSEN}}$:外 ROM 读选通信号。

③RST/VPD:复位/备用电源。

RST(reset)功能:复位信号输入端。

VPD 功能:在 VCC 掉电情况下,接备用电源。

④$\overline{\text{EA}}$/VPP:内外 ROM 选择/片内 EPROM 编程电源。

$\overline{\text{EA}}$功能:内外 ROM 选择端。

VPP 功能:片内有 EPROM 的芯片,在 EPROM 编程期间,施加编程电源 VPP。

(4)I/O 引脚。51 单片机典型芯片 80C51 共有 4 组 8 位并行 I/O 端口,分别用 P0、P1、P2、P3 表示,共 32 个引脚。单片机的 4 组 I/O 端口可以作为一般的 I/O 端口使用,在结构和特性上基本相同,又各具特点,后续将一一介绍。

4 组 I/O 端口使用时可以输出高电平和低电平,也可以检测高电平和低电平的输入。P0 口输出电路是漏极开路电路,必须外接上拉电阻(一般为 4.7 kΩ 或 10 kΩ)才能有高电平输出。P1、P2 和 P3 口作为输出端口使用时,无须外接上拉电阻。

51 系列单片机没有专门针对 I/O 口的操作指令,而是利用对内部 RAM 的操作指令对 I/O 口进行操作,操作的方式有两种:8 位整体操作和位操作。

下面以 P1 口为例,利用 C 语言进行 I/O 口的操作。

输出操作:

```
P1 =0x01;            // 整体字节操作 P1.0 引脚输出高电平,P1 口其他引脚输出低电平
sbit  led=P1^0;
led=1;               // 位操作,将 P1.0 位口置 1
```

输入操作:

```
P1 =0xff;            //设置 P1 口为输入口,先输出“1”
Key=P1;              //将 P1 口的值读入并赋值给变量 Key
```

视频

单片机最小系统

2. 单片机最小系统

单片机的最小系统是单片机正常运行的最基本的硬件单元,包括电源、保证单片机各部分同步工作的时钟电路及断电或发生故障后的复位电路,这是保障单片机能正常工作的最小系统单元,简称单片机最小系统。

1)电源电路

51 系列单片机的正常工作电源电压为直流 5 V(低功耗单片机电源电压为直流 3.3 V)。单片机的 VCC(40 引脚)接 5 V 电源的正极,GND(20 引脚)接地。

学习笔记

2)时钟电路

单片机各部分要有条不紊地工作,必须按统一的口令和指挥进行,而这个统一口令和指挥就是单片机的时钟,时钟电路就是用来产生这个时钟的。

51 系列单片机内部是一个反相放大器,放大器的输入引脚为 XTAL1(19 引脚),输出引脚为 XTAL2(18 引脚),在 XTAL1 引脚和 XTAL2 引脚间外接石英晶体振荡器和电容器就可以组成一个稳定的自激振荡器,其时钟产生电路如图 1-5 所示。

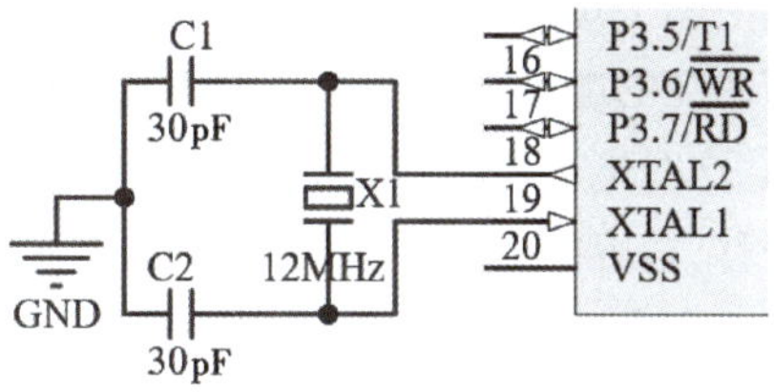

图 1-5　时钟产生电路①

电路中的电容一般取 30 pF 左右,晶体振荡器频率范围为 1.2 ~ 12 MHz,通常选 12 MHz。如果系统使用单片机串行口通信,则晶振的频率一般为 11.059 2 MHz。

时钟电路产生单片机工作时所必需的时钟信号,在时钟信号的控制下,单片机严格按时序执行指令。时序控制是由单片机内部的硬件系统自动完成的。为了更好地理解单片机的运行过程,需要了解以下几个重要的时间概念:

(1)时钟周期:也称振荡周期,是指为单片机提供时钟信号的振荡源的周期,一般用 T 表示。振荡周期是单片机中最基本的时间单位,它决定了单片机能够完成的最小操作。振荡周期是振荡频率的倒数,例如,如果单片机外接一个 6 MHz 的晶振,那么一个振荡周期就是 $1/(6\times10^6)$ s。

(2)状态周期:每个状态周期为时钟周期的 2 倍,也称为节拍。一个状态周期是单片机内部数据传输和运算所需的最小时间单位。一个状态周期可以完成一个或多个微操作,例如,从寄存器到总线、从总线到寄存器、从寄存器到寄存器等。一个状态周期由两个时钟周期组成。

(3)机器周期:一个机器周期包含六个状态周期,也称为基本操作或总线周期。一个机器周期是单片机完成一个基本操作所需的时间单位,例如,从存储器中读取或写入 1 字节、从输入/输出端口中读取或写入 1 字节等。

(4)指令周期:执行一条指令所需要的时间,是从取指令、分析指令到执行完指令所需的全部时间。一个指令周期由若干个机器周期组成,不同类型和长度的指令所需的机器周期数不同。关于指令周期,在利用汇编语言来编程时需要注意,而利用 C 语言来编程则不需要过多强调。

3)复位电路

复位电路是使单片机恢复到起始状态的电路。单片机系统都是由复位状态进入正常工作状态。当单片机在开始接通电源以及出现故障或断电等情况之后都需要复位,因此为保证单片机能正常作,必须有复位电路。单片机复位之后,程序从头开始运行。

单片机的复位条件是:在 RST 引脚(9 引脚)上有一个维持两个机器周期以上高电平,则 CPU 就自动响应并将系统复位。

单片机系统的复位方式有:上电复位和按键复位,如图 1-6 所示。

图 1-6(a)是上电复位电路。它是利用电容充电来实现复位的,在通电瞬间,RST 端的电

① 类似图稿为仿真软件截图,其中某些元件图形符号与国家标准符号不一致,二者对照关系参见附录 A。

学习笔记

位与电源电压相同，随着充电电流的减少，RST 端的电位逐渐下降，充电时间常数 $\tau = RC$，只要选择合适的电阻和电容值保证 RST 端高电平的时间大于两个机器周期，便能使单片机复位。

图 1-6(b)是按键复位电路。在单片机启动后，电容两端的电压持续充电为 5 V，这时电阻两端的电压接近于 0 V，RST 处于低电平，所以系统正常工作。当按键按下的时候，开关导通，这时电容两端形成了一个回路，电容被短路，在按键按下的过程中，电容放电，随着时间的推移，电容的电压逐渐变小，根据串联电路电压为各处电压之和，这时电阻两端的电压逐渐升高至高电平，所以 RST 引脚变成高电平，只要按键按下使 RST 引脚上的高电平大于两个机器周期则单片机复位。松开按键之后 ，则单片机又进入正常工作状态。

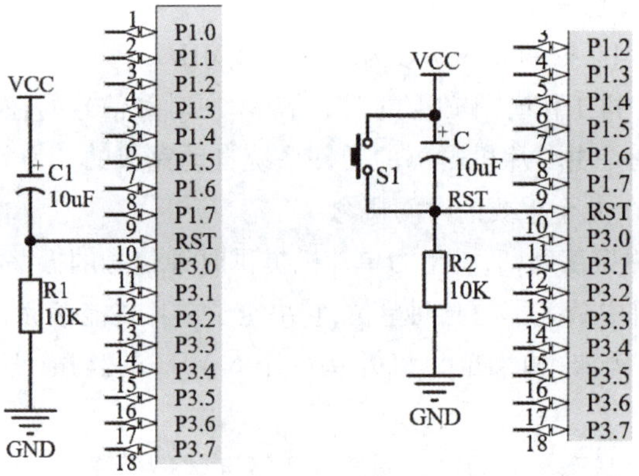

（a）上电复位电路　　（b）按键复位电路

图 1-6　上电复位和按键复位电路图[①]

3. 认识蜂鸣器

蜂鸣器是一种一体化结构的电子讯响器，采用直流电压供电，广泛应用于计算机、报警器、电子玩具、汽车电子设备、定时器等电子产品中作为发声器件。蜂鸣器主要分为压电式蜂鸣器和电磁式蜂鸣器两种类型。原理是通过电流产生磁场，驱动振动膜来发声。在结构上可分为有源蜂鸣器和无源蜂鸣器，两种蜂鸣器外观无明显差别，这里的“源”不是指电源，而是振荡源。有源蜂鸣器内部带振荡源，所以只要一通电就会发声；而无源蜂鸣器内部不带振荡源，用直流信号驱动无法令其发声，一般用 2 ~ 5 kHz 的方波来驱动。图 1-7 是蜂鸣器的实物图。

图 1-7　蜂鸣器的实物图

① 仿真图中 10 uF 即 10 μF，10 K 即 10 kΩ，下同。

学习笔记

小技巧：

有源蜂鸣器与无源蜂鸣器常用判别方法：

(1)外观辨别。将两种蜂鸣器的引脚朝上放置，可以看出有绿色电路板的是无源蜂鸣器，没有绿色电路板而用黑胶封闭的是有源蜂鸣器。

(2)用万用表挡 R×1 挡测试。用黑表笔接蜂鸣器“+”引脚，红表笔在另一引脚上来回碰触，如果触发出“咔咔”声且电阻只有 8 Ω(或 16 Ω)的是无源蜂鸣器；如果能发出持续声音，且电阻在几百欧以上的，是有源蜂鸣器。

4. C51 编程基础

视频

C语言编程基础

要让单片机听话，就必须用它“听得懂”的语言指挥它，即编程语言。在实际工程应用中，51 系列单片机的程序设计一般采用 C 语言编写，通过相应的编译器，得到可执行代码，以提高程序开发效率。与标准 C 语言程序相比，有所不同，称为 C51 程序。

1)C51 程序的基本结构

下面是 C51 程序的一般结构。

预处理命令	/* 用于包含头文件等，一般用 include 来实现 */
全局变量声明	/* 此处定义的变量可以被本程序中多个函数引用，值随每次引用而修改 */
引脚定义	/* 单独使用单片机的可编程 I/O 引脚时，需要对引脚进行定义 */
函数声明	/* 在此处不对函数进行定义，只是一个声明语句，放在主函数前，则在主程序中就可以调用该函数；子函数也可以在此处直接定义，后续主函数就可以直接调用而不需要声明 */

```
void main()//主函数
{
    局部变量声明;            //只能在所定义的函数中使用的变量
    执行语句;
    函数调用;
    ……
}
函数(参数说明)               //定义函数
{
    局部变量声明;
    执行语句;
    ……
}
```

需要注意的是，并不是每个程序都必须有一般结构中的每个部分，而是根据实际情况来确定是否需要，只有主函数 main()在任何程序中必须有且只能有一个。

例如，最简单的 C51 程序框架如下：

```
#include <reg51.h>
void main()
{
```

学习笔记

```
    While(1)
    {
    }
}
```

2)C51 程序中的数据类型、常量、变量

(1)数据类型。数据是程序必需的组成部分,是程序中被处理的对象。C 语言程序中的每个数据都属于某一个数据类型。在 C51 中,支持标准 C 语言编程的基本数据类型:

①char(字符型)。字符型数据长度为 1 字节,通常用于定义字符数据的变量或常量,分无符号型(unsigned char)和有符号型(signed char)两种。无符号型字符中所有位都用来表示数值,因此数据范围为 0 ~ 254。有符号型字符中最高位用来表示符号,数据范围为 -128 ~ 127。

②int(整型)。整型数据长度为 2 字节,用于定义双字节数据,分为无符号型(unsigned int)和有符号型(signed int)两种。有符号型最高位表示符号位,"0"表示正数,"1"表示负数,负数用补码的形式表示,数据范围为 - 32 768 ~ 32 767。而无符号整型数据范围为 0 ~ 65 535。

③long(长整型)。长整型数据长度为 4 字节,分为无符号型(unsigned long)和有符号型(signed long)两种。

④float(浮点型)。浮点型数据在十进制中具有 7 位有效数字,占用 4 字节。

⑤*(指针型)。指针型数据本身就是一个变量,其内存放的是指向另一个数据的地址。针对指向的数据的数据类型不同,指针变量也具有类型。

除此之外, C51 程序还支持以下几种扩充数据类型:

bit(位)。用于定义位变量,只有 1 位长度,非 0 即 1。

例如:`bit  flag; //定义一个位变量`

sbit(可寻址位)。定义 51 单片机 RAM 内的可寻址位或者其 SFR 中的可寻址位。

例如:
```
sbit P1_0 = P1^0;//将特殊功能 P1.0 口定义为 P1_0 变量。这样在以后的程序语句中就
                 //可以用 P1_0 来对 P1.0 引脚进行读/写操作
```

sfr(特殊功能寄存器)。它可以定义 51 系列单片机的内部 8 位 SFR,该类型数据为 8 位,取值范围为 0 ~ 255。

例如:`sfr P1 = 0x90;//定义 P1 特殊功能寄存器`

> **小提示:**
>
> 通常,特殊功能寄存器及其中的可寻址位命名已包括在 Keil C51 系统提供的库文件 reg51.h 或 at89x51.h 中,用#include <reg51.h>加载该库文件,可直接引用,但是 P0、P1、P2、P3 口的可寻址位未定义,必须由用户用 sbit 来定义。此外,程序员也可以在自己的程序中利用关键字 sfr 和 sbit 来自行定义。

表 1-1 所示为 C51 语言支持的数据类型对比。

(2)常量、变量及其定义

①常量:常量是指在程序运行过程中不能改变值的量。

学习笔记

表 1-1　C51 语言支持的数据类型对比

数据类型	长　度	值　域
unsigned char	1 字节	0 ~ 254
signed char	1 字节	−128 ~ 127
unsigned int	2 字节	0 ~ 65 535
signed int	2 字节	−32 768 ~ 32 767
unsigned long	4 字节	0 ~ 4 294 967 295
signed long	4 字节	−2 147 483 648 ~ 2 147 483 647
float	4 字节	±1. 175 494e −38 ~ ±3. 402 823e +38
*	1 ~ 3 字节	被指向对象的地址
bit	1 位	0 或 1
sbit	1 位	0 或 1
sfr	1 字节	0 ~ 254
sfr16	2 字节	0 ~ 65 535

整型常量：通常可以用十进制、十六进制等表示，例如 23、0x5A、−0x27。

浮点型：通常用十进制和指数形式表示，例如 0. 325、72. 8、123e5、−1. 3e −2。

字符型：单引号内的字符，例如'a'、'T'。

字符串型：由双引号内的字符串组成，例如"OK"、"a"。

②变量：变量是指在程序运行过程中其值可以改变的量。变量必须先定义后使用。定义一个变量的一般格式如下：

```
[存储类型] 数据类型 [存储器类型] 变量名;
```

a. 数据类型：变量的数据类型可以选用 C 语言编程所有支持的数据类型。但考虑到 C51 编译器在对 C 程序编译、连接时的执行速度和效率，在使用 C 语言编写单片机程序时，一定要慎重进行变量和数据类型的选择，只有 bit 和 unsigned char 两种数据类型可以直接支持机器指令，对其余数据类型，C51 编译器要用一系列机器指令对其进行处理，将会导致程序运行速度变慢，因此在 C51 程序中尽量优先使用无符号类型变量。

b. 变量名：变量名即变量的标识，要使用合法的标识符。合法的标识符由字母、数和下画线组成，且必须由字母或下画线开头，字母区分大小写，不可使用保留字。ANSI C 保留字见表 1-2。

表 1-2　ANSI C 保留字

序号	保留字	序号	保留字	序号	保留字	序号	保留字
1	auto	9	double	17	int	25	struct
2	break	10	else	18	long	26	switch
3	case	11	enum	19	register	27	typedef
4	char	12	extern	20	return	28	union
5	const	13	float	21	short	29	unsigned
6	continue	14	for	22	signed	30	void
7	default	15	goto	23	sizeof	31	volatile
8	do	16	if	24	static	32	while

学习笔记

在变量命名时最好简单、含义清晰，尽量做到“见名知义”，这样有利于程序阅读。

c. 存储器类型。存储器类型说明单片机存储区域的使用情况。为使用户可以控制存储区域的使用，在指定一个变量的数据类型的同时，可以为该变量选择存储器类型。存储器类型指定了该变量在 C51 单片机中使用的存储区域。存储器类型见表 1-3。

表 1-3　存储器类型

存储器类型	说　　明	范　　围
data	直接寻址的片内 RAM 低 128 B，访问速度最快	128 B
bdata	片内 RAM 的可位寻址区(20H～2FH)，运行位和字节混合访问	16 B
idata	间接寻址访问的片内 RAM(256 B)，允许访问全部片内 RAM	256 B
pdata	用 Ri 间接访问的片外 RAM 的低 256 B	256 B
xdata	用 DPTR 间接访问的片外 RAM，允许访问全部 64 KB 片外 RAM	64 KB
code	程序存储器 ROM(64 KB)	64 KB

如果省略变量的存储器类型，C51 编译系统会按照存储模式指定默认类型，如图 1-8 所示。

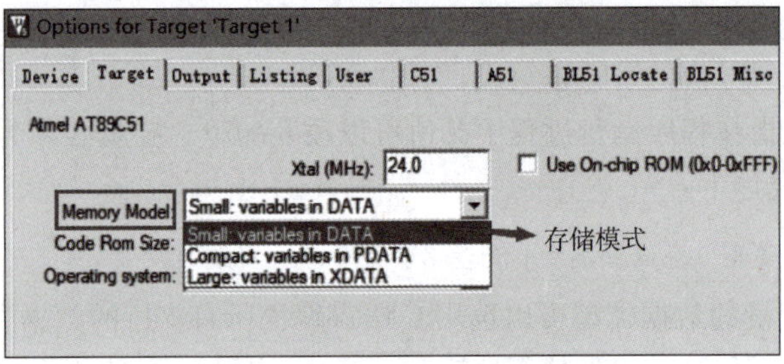

图 1-8　存储模式选择

存储模式决定了没有明确指定存储器类型的变量，默认存储模式有以下三种。

Small 模式：所有默认变量参数均装入内部 RAM，存储器类型为 data。其优点是访问速度快，缺点是空间有限。

Compact 模式：所有默认变量均位于 RAM 的低 256 B 空间，存储器类型为 pdata。其优点是空间比 Small 宽裕，速度慢，但比 Large 要快。

Large 模式：所有默认变量可放在多达 64 KB 的外部 RAM 区，存储器类型为 xdata。其优点是空间大，可存变量多，缺点是速度慢。

存储模式在 C51 编译器选项中选择，默认为 Small 模式。

任务实施

1. 硬件电路设计

1)51 单片机 I/O 引脚的选取

通过知识链接可知，51 单片机 I/O 引脚能够输出和检测高、低电平，因此单片机控制和检测外部电路必须通过 I/O 引脚来实现。51 单片机有 4 组共 32 个 I/O 引脚，在具体电路设计中优先选用哪些引脚作为普通 I/O 引脚，必须了解各组 I/O 引脚的特性。下面分别对 4 组 I/O 引脚进行介绍。

学习笔记

(1)P0 口。P0 口有两种功能:一种是作为通用的 I/O 口;另一种是作为地址/数据总线,用于扩展外部的 ROM 和 RAM。这里主要介绍作为通用 I/O 口的功能,其结构图如图 1-9 所示。

P0 口用作输出口时,控制线上信号为 0,电子开关 MUX 与下端接通,同时与门输出为 0,VF_1 截止。由于 VF_1 截止,输出级处于开漏状态,故需外接上拉电阻。如果没有上拉电阻,在输出高电平时,VF_1、VF_2 都截止,输出引脚悬空,不能输出高电平。

P0 口用作输入口,即要把引脚上的信号读进来。假设 VF_2 导通,这时无论外电路施加什么电平,都被 VF_2 短路,读进来的始终是低电平。因此要想把它作为输入口,必须保证 VF_2 截止。要使 VF_2 截止,需先向该端口写入"1",这点要特别注意。

(2)P1 口。P1 口内部有上拉电阻,每位也可分别用作输入或输出。其结构如图 1-10 所示。作为输出口时,不需要外接上拉电阻;作为输入口时,也要先向该端口锁存器写入"1",然后再读。

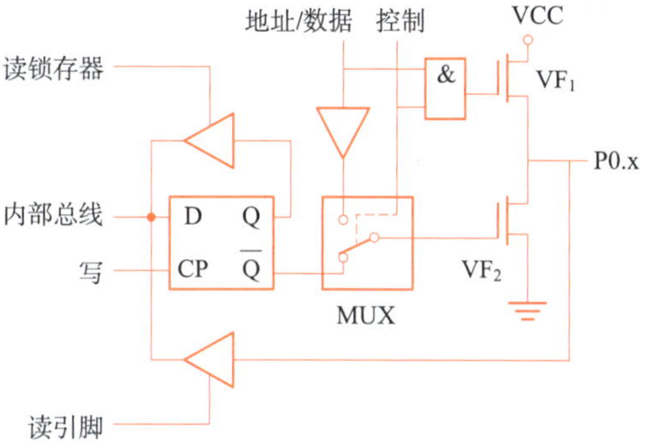

图 1-9　P0 口一位引脚结构图

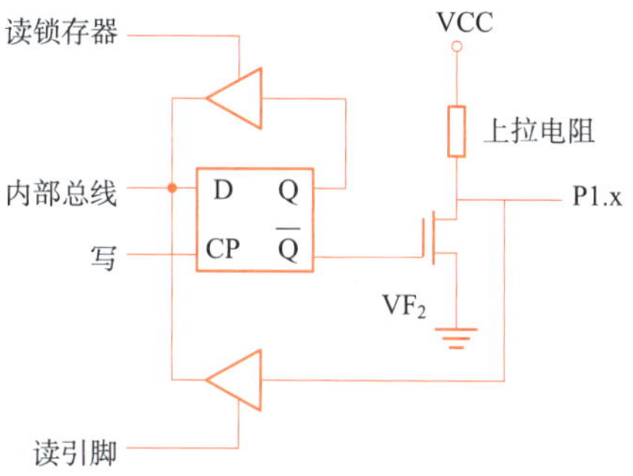

图 1-10　P1 口一位引脚结构图

(3)P2 口。P2 口既可以作为 I/O 口,也可以作为扩展外部 ROM 和 RAM 的地址总线。P2 口作为 I/O 口使用,其操作使用方法同 P1 口,结构图如图 1-11 所示。作为输出口时,不需要外接上拉电阻;作为输入口时,也要先向该端口锁存器写入"1",然后再读。

(4)P3 口。P3 口作为通用 I/O 口时,为准双向输入、输出端口,其结构图如图 1-12 所示,其性能和使用方法与 P1 口相同,但其拥有第二功能:

P3.0:串行输入口(RxD)。

P3.1:串行输出口(TxD)。

P3.2:外部中断 0(INT0)。

P3.3:外部中断 1(INT1)。

P3.4:定时/计数器 0 的外部输入口(T0)。

P3.5:定时/计数器 1 的外部输入口(T1)。

P3.6:外部数据存储器写选通(WR)。

P3.7:外部数据存储器读选通(RD)。

通过对 51 单片机 4 组 I/O 引脚内部结构的分析可知,P1 口具有单一 I/O 功能,P0 口和 P2 口除 I/O 功能外,还可以作为存储器扩展的地址线和数据线,并且 P0 口作为 I/O 口时必须接上拉电阻。P3 口具有第二功能,因此作为普通 I/O 口时,优先选用 P1 口。

学习笔记

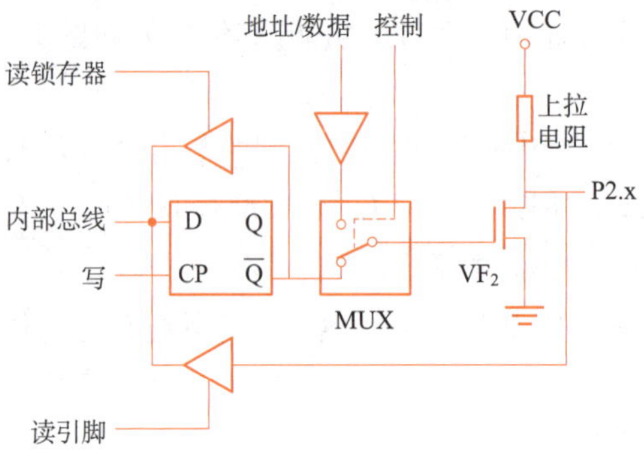

图 1-11　P2 口一位引脚结构图

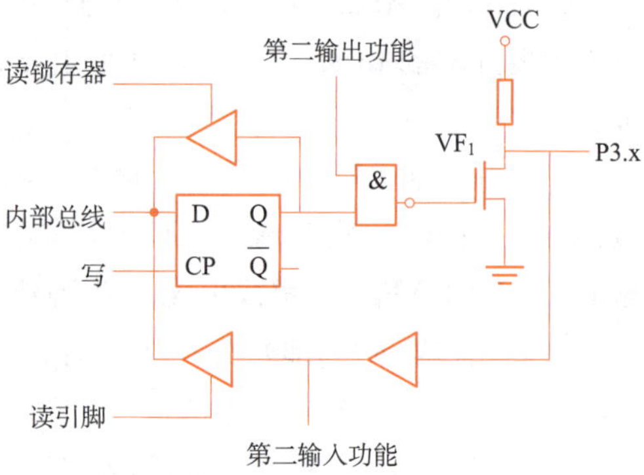

图 1-12　P3 口一位引脚结构图

2）蜂鸣器驱动电路设计

由于单片机 I/O 口输出电流较小，而蜂鸣器需要较大电流来驱动，因此单片机 I/O 口不能直接驱动蜂鸣器，一般可通过三极管进行驱动，其电路如图 1-13 所示。

当 P2.0 口输出低电平时，三极管导通，有源蜂鸣器形成导通回路一直发声；当 P2.0 口输出高电平时，三极管截止，蜂鸣器不发声。

此外，在蜂鸣器旁并联了一个二极管，这个二极管称为续流二极管。当三极管导通时，就会有导通电流流过蜂鸣器；当三极管关断时，由于蜂鸣器是感性器件，会产生很大感应电动势，而经"电源—三极管—蜂鸣器—地"这条回路被截断了，过不了任何电流，此时电流就是经过这个二极管和蜂鸣器自身的环路消耗掉了，从而避免了关断时由于电感电流造成的反向冲击造成对电子元件的损伤，起到保护作用。

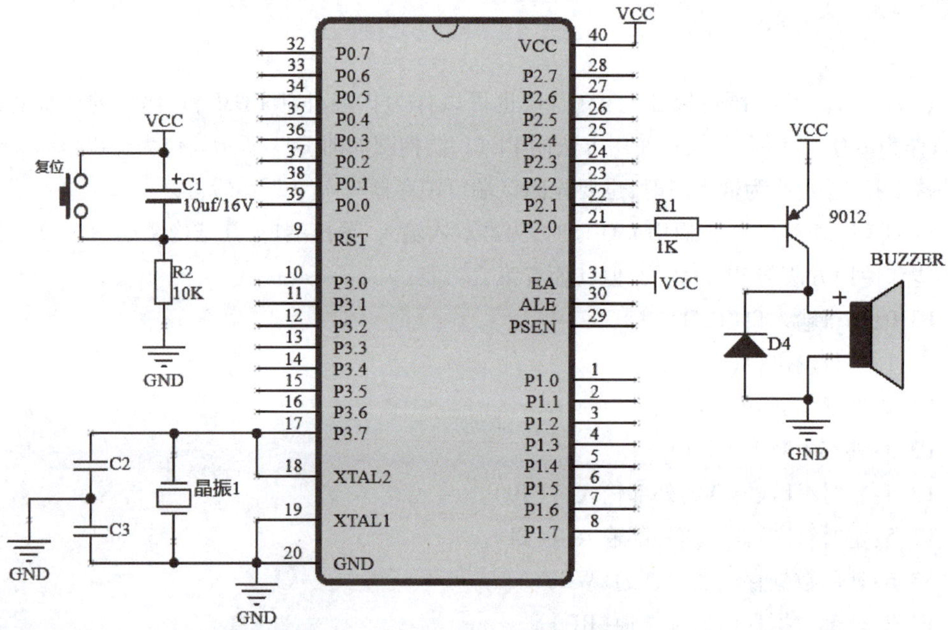

图 1-13　蜂鸣器驱动电路①

① 仿真图中 10 uf 即 10 μF，下同。

学习笔记

2. 软件程序设计

1) 软件开发工具 Keil C51

应用程序的编辑、修改、调试需要借助专门的软件开发工具。Keil μVision5 软件是目前比较流行的嵌入式芯片应用软件开发工具包，其中包含的 C51 编译器可以完成 51 系列兼容单片机 C 语言代码的编辑、编译、调试、仿真等。整个开发流程界面友好、易学易用。

正确安装软件之后，运行软件界面如图 1-14 所示，与其他 Windows 程序窗口一样，Keil μVision5 设置有菜单栏、快捷工具栏、代码编辑窗口、工程管理窗口、编译信息显示窗口等。

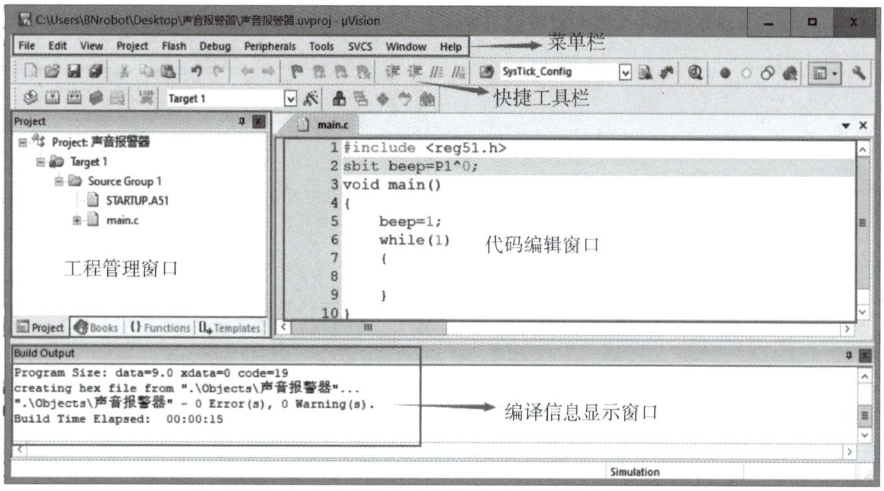

图 1-14　Keil μVision5 开发环境

利用 Keil μVision5 开发单片机应用程序一般包含以下几个步骤：

(1) 新建工程；

(2) 新建文件并把文件添加到工程；

(3) 配置工程；

(4) 编译工程。

具体步骤见表 1-4。

表 1-4　利用 Keil μVision5 开发单片机应用程序步骤

步　骤	操作方法	示 意 图
步骤 1 新建工程	(1) 选择 Project→New μVision Project 命令	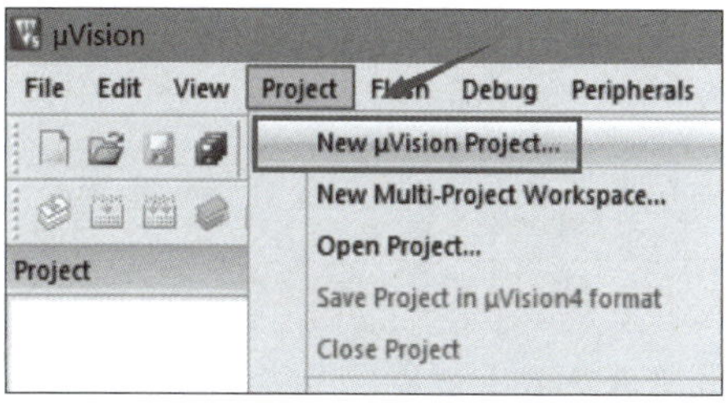

学习笔记

续表

<table>
<tr><th>步　骤</th><th>操作方法</th><th>示　意　图</th></tr>
<tr><td rowspan="2">步骤 1
新建工程</td><td>（2）选择要保存的路径，输入工程文件的名称，比如保存到声音报警器文件夹目录里，工程文件的名称为声音报警器，然后单击“保存”按钮（左侧示意图中未展示，具体操作中会看到此按钮，下同）</td><td>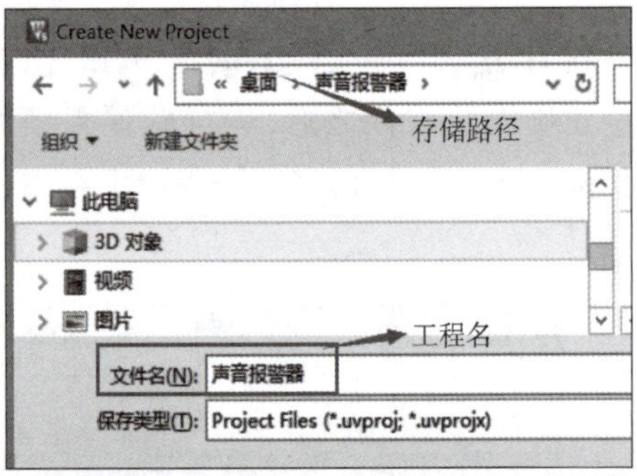
</td></tr>
<tr><td>（3）这时会弹出一个对话框，要求选择单片机的型号，Keil C51 几乎支持所有的 51 核的单片机。
以使用较多的 Atmel 公司的 AT89C51 为例，选择 89C51 之后，右边栏是对这个单片机的基本说明，然后单击“确定”按钮</td><td>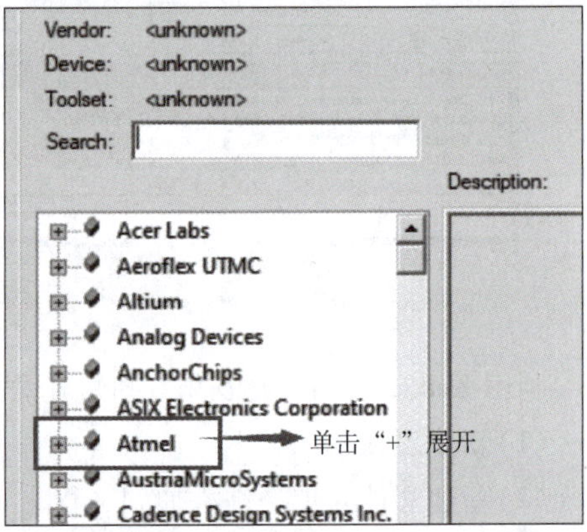

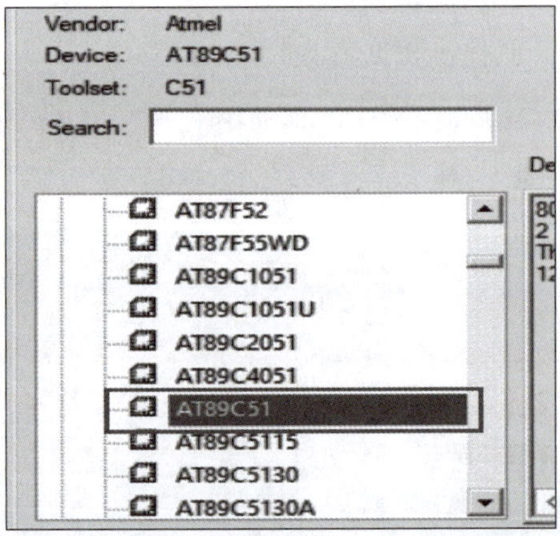
</td></tr>
</table>

续表　　学习笔记

步　骤	操作方法	示　意　图
步骤 1 新建工程	(4)单击“确定”按钮之后，会弹出一个对话框，每个工程都需要一段启动代码，如果单击“否”按钮，编译器会自动处理这个问题，如果单击“是”按钮，这部分代码会提供给用户，用户就可以按需要自己去处理这部分代码。这部分代码在初学 51 单片机的这段时间内，一般是不需要去修改的，但是随着技术水平的提高和知识的扩展，就有可能需要了解这块内容，因此这里单击“是”按钮，让这段代码出现，但是暂时不需要修改它。完成新建工程	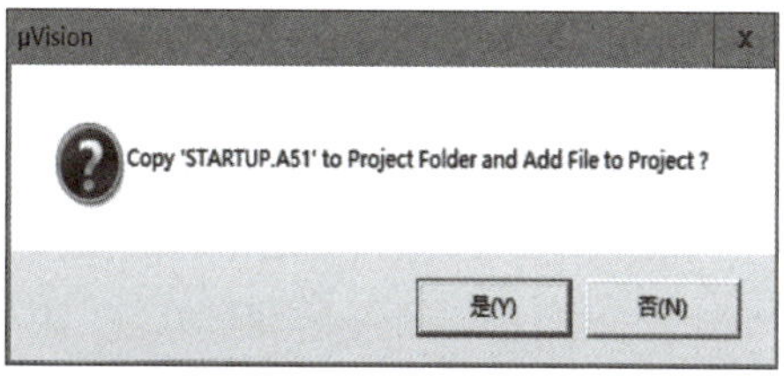 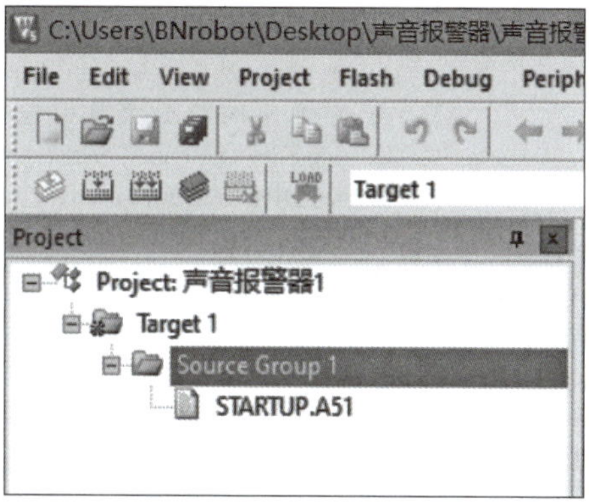
步骤 2 新建文件并把文件添加到工程	(1)选择 File→New 命令，新建文件后屏幕如右图所示。 此时光标在编辑窗口里闪烁，这时可以键入用户的应用程序。建议首先保存该空白文件	
	(2)选择 File→Save As 命令，将源程序另存为 C 语言文件，如右图所示。键入欲使用的文件名，同时必须键入正确的扩展名。注意，如果用 C 语言编写程序，则扩展名为“. c”；如果用汇编语言编写程序，则扩展名为“. asm”。然后，单击“保存”按钮	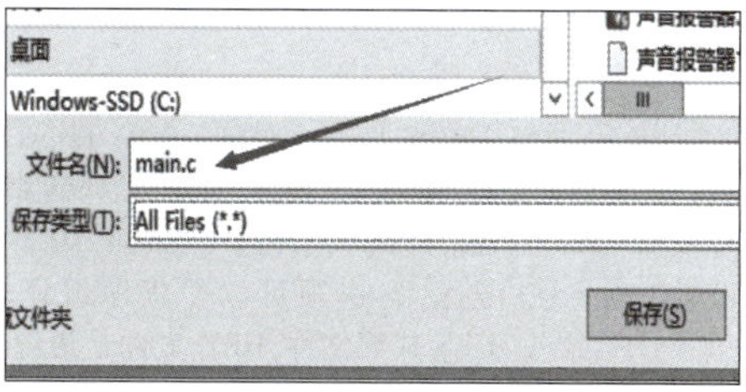

学习笔记

续表

步　　骤	操作方法	示　意　图
步骤 2 新建文件并把文件添加到工程	（3）回到编辑界面后，单击 Target 1 前面的“+”号，然后在 Source Group 1 上右击，在弹出的快捷菜单中选择 Add Existing Files to Group ‘Source Group 1’命令，选中创建的文件 main. c，然后单击 Add 按钮，此时 Source Group 1 文件夹中多了一个 main. c，说明已经把文件添加到工程中	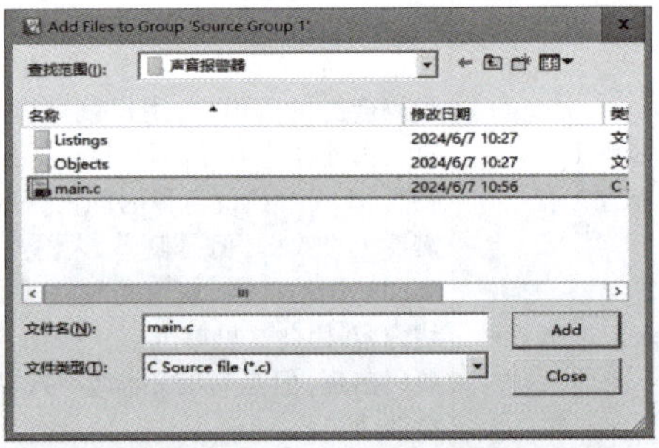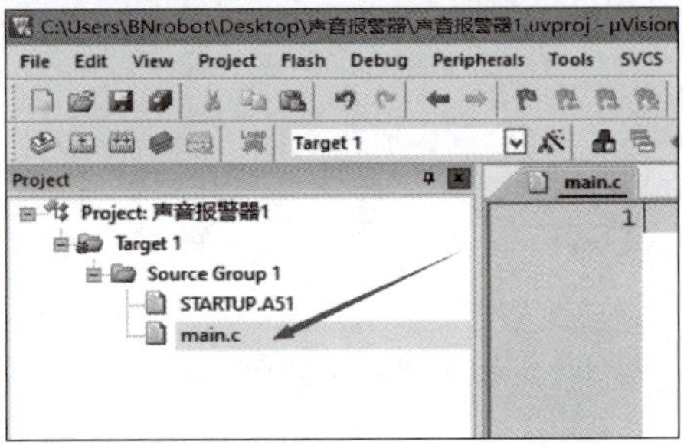
	（4）输入 C 语言源程序。在输入程序时，可以看到事先保存待编辑的文件的好处，即 Keil C51 会自动识别关键字，并以不同的颜色提示用户加以注意，这样会使用户少犯错误，有利于提高编程效率	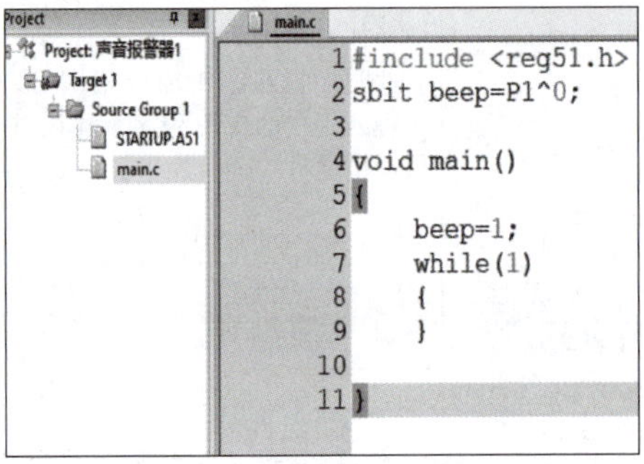
步骤 3 配置工程	选择 Project→Options for Target ‘Target 1’命令，弹出右图所示对话框，单击 Output 选项卡，选中 Create HEX File 复选框，该选项可以使程序编译后产生 HEX 代码文件，HEX 文件是最终要下载到单片机中的文件	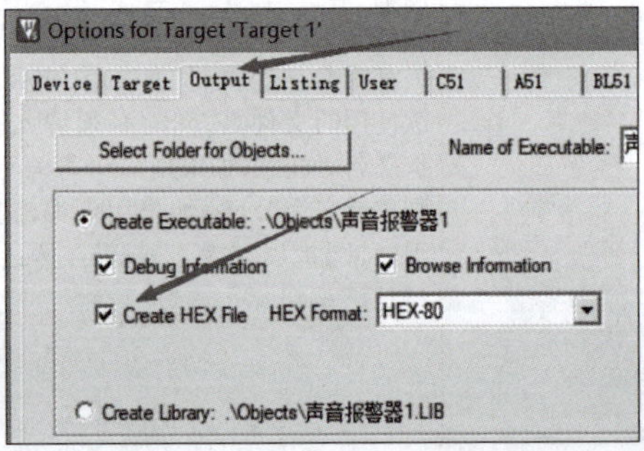

学习笔记

续表

步　骤	操作方法	示　意　图
步骤 4 编译工程	选择 Project→Build target 命令（或者按快捷键【F7】），或者单击工具栏中的快捷图标 进行编译工程	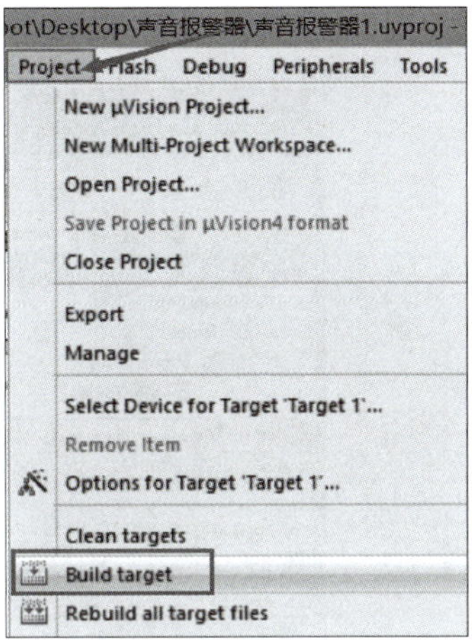

编译完成后，在输出窗口中可以查看编译结果信息，如图 1-15 所示。

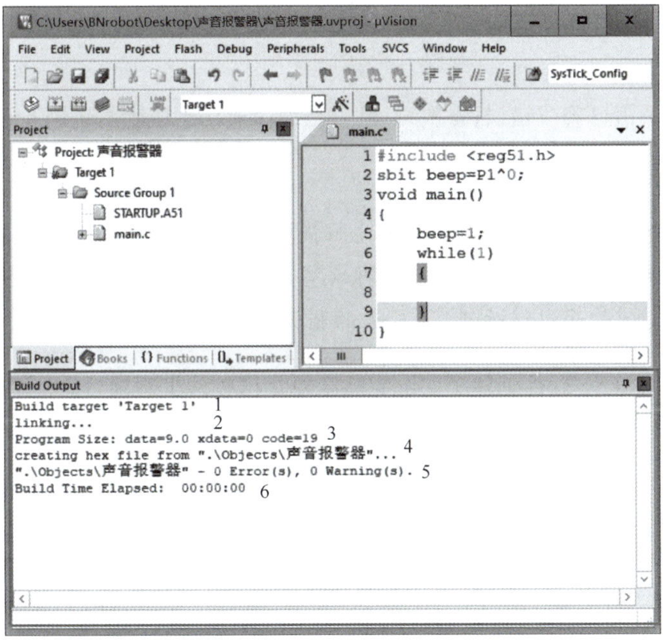

图 1-15　编译结果

编译成功后，Keil 下方的 Build Output 窗口中会出现相应的提示，提示信息含义如下：

（1）Build target 'Target 1'含义是编译目标。

（2）linking... 含义是连接。

（3）Program Size：data =9.0 xdata =0 code =19 含义是编译后程序占用各存储器的大小。

（4）creating hex file from". \Objects\声音报警器"... 含义是创建了 hex 文件。

学习笔记

(5)". \Objects\声音报警器" - 0 Error(s), 0 Warning(s)含义是程序无错误,无警告。

(6)Build Time Elapsed:00:00:00 含义是编译工程的时间。

当程序有语法错误的时候,编译不会成功,输出窗口会给出错误或警告的行号、错误代码、错误原因等信息,并提示“Target not created”,如图 1-16 所示。

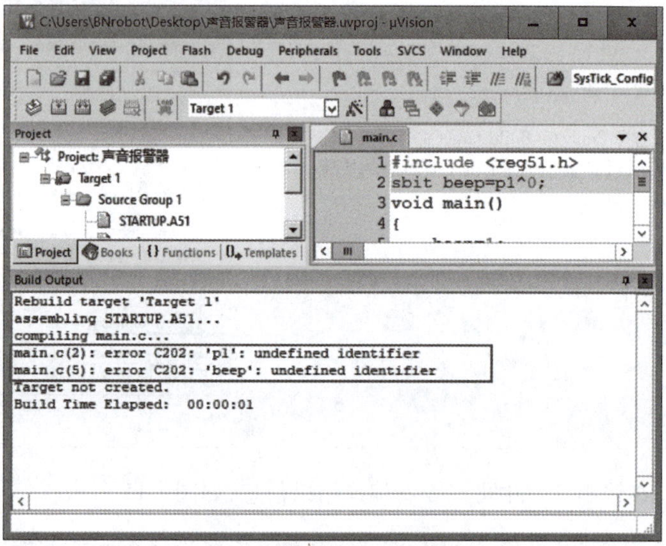

图 1-16 编译不成功输出信息图

根据输出提示信息修改错误,再次编译,直至编译成功生成十六进制 hex 文件为止。

小技巧:

当工程编译出现很多错误时,一定按照提示从行号小的位置开始修改,修改完一个错误一定及时对工程重新进行编译,再次查看错误信息,很多时候是前面的错误引起了后面的错误。前面错误改正了,后面的错误就会消失。

至此,利用 Keil C51 软件创建了一个完整的单片机软件工程项目。

2)源程序设计

根据任务要求,利用单片机控制蜂鸣器一直发出鸣叫声程序代码如下:

```
//蜂鸣器发声
#include <reg51.h>          //包含头文件 reg51.h,定义 51 单片机的专用寄存器
sbit beep = P2^0;           //将特殊功能 P2.0 口定义为 beep 变量,用于控制蜂鸣器
void main()                 //主函数
{
    beep = 0;               //控制 P2.0 引脚输出低电平,三极管导通,从而蜂鸣器
                            //通电,发出鸣叫声
    while(1) ;              //以死循环、空操作结束控制程序
}
```

3. 软件仿真

软件仿真是单片机学习者进行系统设计和软、硬件调试的方便快捷方法之一。读者可先利用软件仿真调试成功之后再进行实物的制作和测试,这样可以缩短实际项目的研发周期和

降低开发成本。

Proteus 仿真软件是用于仿真单片机及其外围元器件的 EDA（电子设计自动化）工具软件，支持数十种单片机类型和大量的存储器及外围芯片，通过虚拟仪器帮助用户模拟整个电路工作过程，包括电压、电流、频率等参数的测量和监测。用户可以使用各种基本元器件和模块搭建电路，并对其进行优化和改进。

由于本次仿真是第一个仿真任务，下面将详细介绍设计过程，后续项目的仿真，读者可以参考本次仿真操作。利用 Proteus 仿真软件进行单片机硬件系统的设计与仿真步骤见表 1-5。

表 1-5　利用 Proteus 仿真软件进行单片机硬件系统的设计与仿真步骤

步　　骤	操作方法	示　意　图
步骤 1 创建工程及设计文件（Proteus 8.0 以上版本）	（1）启动软件之后，选择新建工程，并设置工程名及工程存储路径	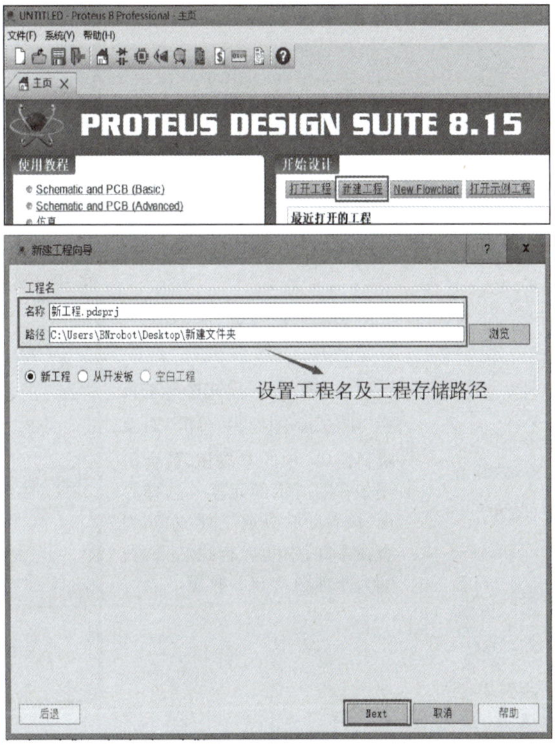
	（2）单击 Next 按钮，进入原理图模板选择界面，选择 DEFAULT，单击 Next 按钮，进入 PCB 创建界面，选择“不创建 PCB 布版设计”单选按钮，单击 Next 按钮，选择“没有固件项目”单选按钮，操作如右图所示，单击 Finish 按钮，项目创建完成	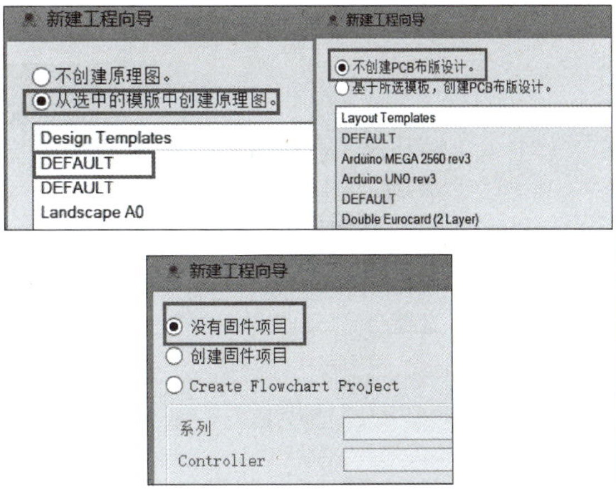

学习笔记

续表

步　骤	操作方法	示　意　图
步骤 1 创建工程及设计文件（Proteus 8.0 以上版本）	（3）进入 Proteus ISIS 用户主界面如右图所示	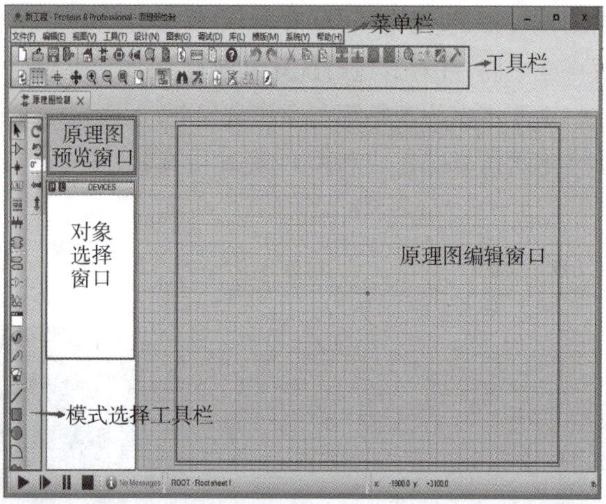
步骤 2 选择、放置元器件	（1）选择左侧“模式选择工具栏”中的图标，并单击“对象选择窗口”中的 P 按钮，就会出现如右图所示的元器件选择界面，该界面共分成三列，左侧为查找条件，中间为查找结果，右侧为原理图及 PCB 预览	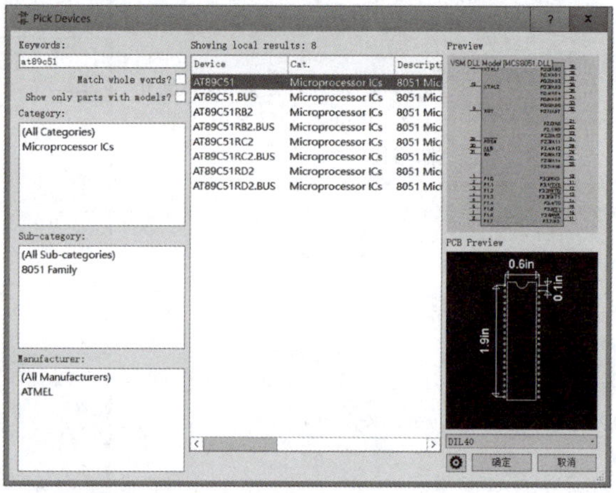
	（2）在“对象选择窗口”选择某器件，然后将鼠标指针指向“原理图编辑窗口”中合适位置，单击即可添加元器件。同理，可对其他元器件进行添加放置	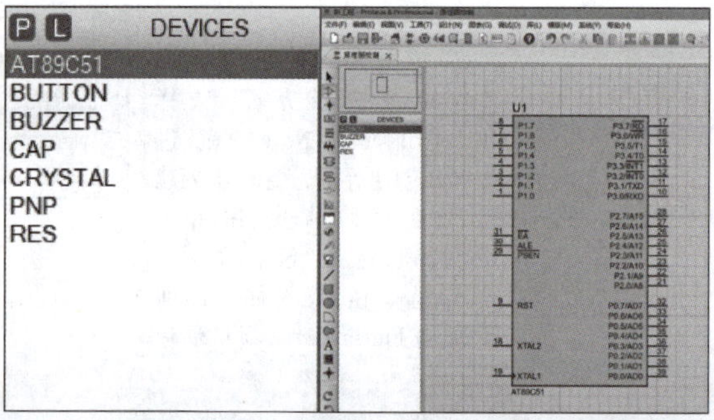

续表　　学习笔记

<table>
<tr><th>步　骤</th><th>操作方法</th><th>示　意　图</th></tr>
<tr><td>步骤 3
布线</td><td>将所要的元器件放到合适的位置之后，就可以根据电路原理图进行布线。在两个对象之间进行简单连线的步骤如下：
（1）在第 1 个对象的连接点处单击鼠标左键。
（2）拖动鼠标指针到另一个对象的连接点处单击鼠标左键。
在拖动鼠标指针的过程中，可以在希望拐弯的地方单击鼠标左键，也可以单击鼠标右键放弃此次连线</td><td>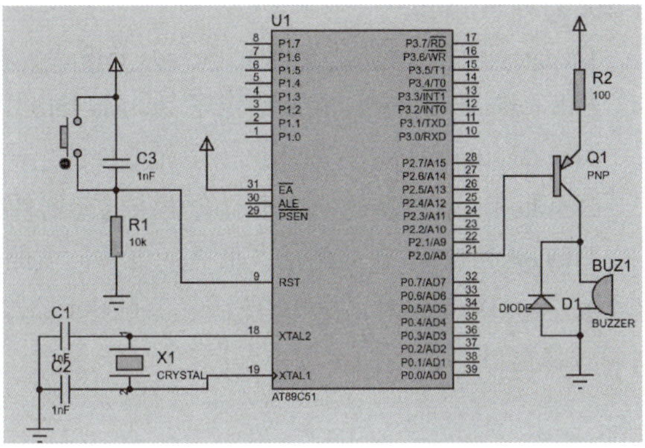
</td></tr>
<tr><td>步骤 4
电路的电气规则检查</td><td>原理图绘制完毕后，必须进行电气规则检查（ERC）。选择“工具”→“电气规则检查”命令，会弹出 ERC 报告单。如果电路设计存在 ERC 错误，需要根据报告单错误提示进行排除，直至没有 ERC 错误</td><td>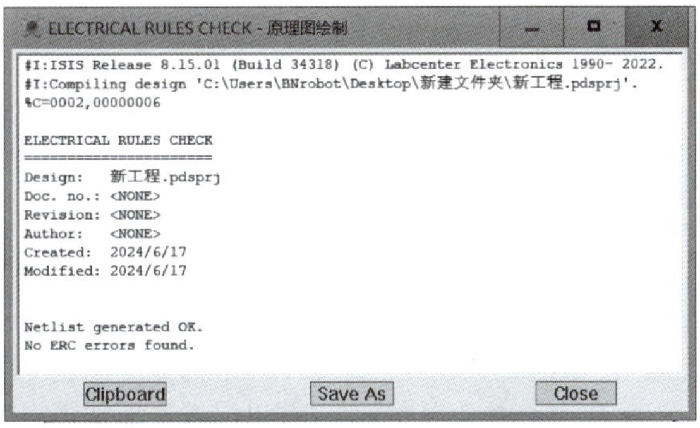
</td></tr>
<tr><td>步骤 5
为单片机装载 hex 文件，进行软硬件仿真</td><td>双击单片机，在弹出的对话框中进行设置及加载程序</td><td>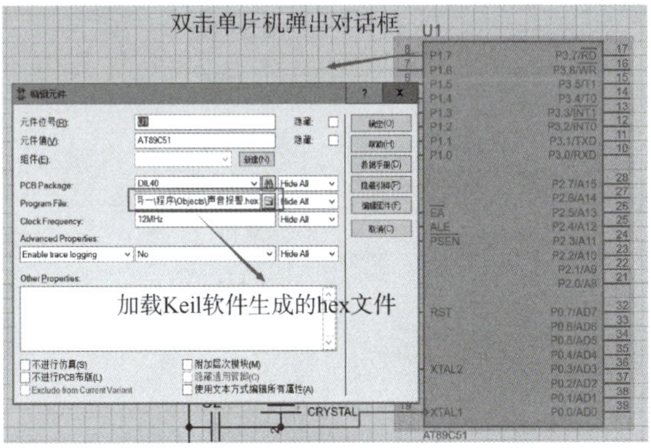
</td></tr>
<tr><td>步骤 6
联名调试</td><td>单击 ISIS 界面左下方的 按钮，使得所设计的电路处于运行模式，即可实现与硬件、软件的联合调试</td><td></td></tr>
</table>

学习笔记

素材

声音报警虚拟仿真图

素材

声音报警硬件电路图

步骤 2 中，Keywords 文本框：在此可以输入待查找的元器件的全称或关键字，其下面的 Match whole words? 复选框表示是否全字匹配。在不知道待查找元器件的所属类时，可采用此法进行搜索。

Category 列表框：在此给出了 Proteus ISIS 中元器件的所属类。

Sub-category 列表框：在此给出了 Proteus ISIS 中元器件的所属子类。

Manufacturer 列表框：在此给出了元器件的生产厂家分类。

Results 列表框：在此给出了符合要求的元器件的名称、所属库以及描述。

Preview 列表框：在此给出了所选元器件的电路原理图预览、PCB 图预览及其封装类型。

在 Pick Devices 对话框中，按照表 1-6 所示添加元器件后，所有元器件的名称都会出现在对象选择窗口中。

表 1-6　Proteus 仿真元件对照表

元　器　件	仿真元件
单片机	AT89C51
晶振	CRYSTAL
非极性电容	CAP
按键	BUTTON
蜂鸣器	BUZZER
二极管	DIODE
三极管	PNP

4. 电路制作与调试

通过 Proteus 仿真验证后，就可以着手准备实物的制作。本任务实物制作清单见表 1-7。

表 1-7　实物制作清单表

名　称	型　号	封　装	数　量
单片机	STC89C51	DIP40	1
IC 底座	40 引脚	DIP40	1
晶振	12 MHz	HC-49S	1
电阻	10 kΩ	AXIAL-0. 3	1
电容	30 pF	RAD-0. 1	2
电阻	1 kΩ	AXIAL-0. 3	1
电阻	100 Ω	AXIAL-0. 3	1
蜂鸣器		BUZZER	1
二极管	1N4007	DO-41	1
恒温烙铁	40 W		1
稳压电源	5 V		1
导线			若干

学习笔记

任务总结

本任务利用单片机 I/O 引脚控制蜂鸣器实现了报警功能。本任务的重点是单片机引脚特性以及最小系统设计，难点是蜂鸣器驱动电路的设计及 C51 程序中 SFR 数据类型的理解。要使单片机能正常工作，必须先搭建正确的单片机最小系统。由于单片机 I/O 引脚的输出电流有限，在设计外围电路的时候，需要考虑驱动电路。在学习 C51 程序设计的时候，需要注意与标准 C 语言的区别。

素材

源代码声音报警功能源代码

任务评价

本任务的评价类别、评价内容及所占分值见表 1-8。

表 1-8　任务评价

评价类别	评价内容	评价指标	分值	自我评价	小组评价	教师评价
专业知识	任务准备	是否掌握单片机概念、I/O 引脚特性及最小系统组成	5			
		是否理解蜂鸣器及工作原理	5			
		是否掌握 C51 基本数据类型	5			
专业技能	任务实施	能够正确设计蜂鸣器驱动电路	15			
		能够熟练使用 Keil 软件并编写蜂鸣器驱动程序	15			
		能够利用 Proteus 仿真软件绘制仿真电路	15			
		能够利用仿真软件调试硬件电路及程序，并能针对出现的问题进行解决	10			
		能够焊接、调试实际电路	5			
		能够撰写任务总结报告	5			
专业素质	核心素养	能否发现问题、分析问题、创新性解决问题	5			
		能否与同学交流协作，是否有团队合作意识	5			
		学习态度是否端正，是否积极参与教学活动	5			
		工作作风是否严谨，是否自觉遵章守纪	5			
总　评			100			

任务拓展

在本任务中，采用的是 PNP 三极管来驱动蜂鸣器，通过复位特殊功能寄存器相应位，使单片机相应 I/O 引脚输出低电平使蜂鸣器发声。任务拓展要求如下：

（1）利用 NPN 三极管驱动蜂鸣器。

（2）编写程序实现蜂鸣器一直鸣叫。

知识训练

一、填空题

1. 除了单片机和电源外，单片机最小系统包括________和________。

学习笔记

2. 单片机系统的复位方式有:________复位和________复位。
3. 在 DIP40 封装的 AT89C51 芯片里,复位 RST 引脚的引脚编号是________。
4. 既作为数据线又作为地址线的是________口,只能作为地址线的是________口。

二、选择题

1. 在 Keil μVision5 里开发 8051 程序的第一步是(　　)。
   A. 打开新的项目文件　　B. 调试与仿真
   C. 生成程序　　D. 产生执行文件
2. 一般地,蜂鸣器属于(　　)。
   A. 电阻性负载　　B. 电感性负载　　C. 电容性负载　　D. 不导电负载
3. C 语言中,最简单的数据类型包括(　　)。
   A. 整型、实型、逻辑型　　B. 整型、实型、字符型
   C. 整型、字符型、逻辑型　　D. 整型、实型、逻辑型、字符型
4. 在 C51 中,一个 int 型数据在内存中占 2 字节,则 int 型数据的取值范围是(　　)。
   A. 0 ~ 255　　B. 0 ~ 32 767
   C. 0 ~ 65 535　　D. −32 768 ~ 32 767

任务二　灯光报警功能的设计

✧ 知识目标

- 掌握 LED 控制的原理。
- 掌握 C 语言循环语句的使用。

✧ 能力目标

- 能够根据项目需求设计 LED 电路。
- 能够根据要求编写灯光报警程序。

✧ 素质目标

- 培养设计思维能力,提高综合设计能力。
- 培养安全生产意识,强化安全工作的重要性和紧迫性。
- 培养自立自强意识,提高自主学习能力和创新能力。

任务描述

在本项目任务一硬件电路的基础上,设计一个灯光报警电路,实现灯光报警,具体要求如下:

使用一个红色 LED 小灯作为警示灯,当设备出现故障时,红灯闪烁报警。

知识链接

1. 发光二极管

发光二极管(LED)是一种将电能转换成光能的半导体器件。多用作指示灯,也被用作照明。

发光二极管与普通二极管一样具有单向导电性,当有足够的正向电流通过 PN 结时,不同

学习笔记

的半导体材料就会发出可见光，如红色、橙色、绿色、蓝色等。

一般 LED 的工作电流在十几毫安至几十毫安，超过最大工作电流，就会烧毁。普通的发光二极管通过 10 mA 电流已经足够亮，因此，在实际设计中一般会串联限流电阻，以降低工作电流，延长使用寿命，经验值是 3 ~ 8 mA。发光二极管外形如图 1-17 所示。

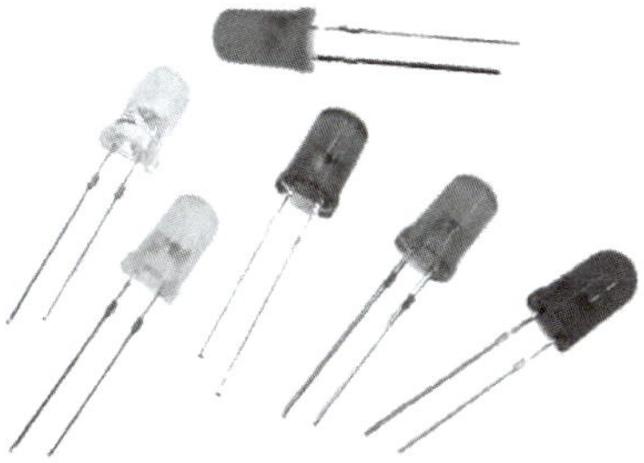

图 1-17　发光二极管外形

对于直插式封装的 LED，两根引线中较长的一根为正极，应接电源正极。贴片式封装的 LED，带有杠的是负极。

目前我国正在逐步成为全球 LED 产业基地。随着科技的发展，应用领域愈加广泛。

（1）室内照明：LED 灯具可以提供高质量的照明效果，可以调节亮度和颜色，并且有较好的光色还原性。由于其高效、节能的特点，逐渐取代传统的照明光源，成为室内照明的主流选择。

（2）屏幕显示：LED 在显示行业中应用广泛，例如 LED 电视、显示屏和背光源等。其高亮度、高对比度和高刷新率等特点，使得 LED 显示具有更好的图像质量，广泛应用于广告牌、室内外大屏幕等领域。

（3）交通信号：LED 具有快速响应和长寿命的优势，逐渐替代传统的交通信号灯，提供更可靠的信号指示。

（4）汽车照明：LED 在汽车照明方面的应用也非常广泛，例如车灯、日间行车灯、转向灯等。其高亮度和低功率的特点，提供了更好的照明效果和节能效果。

发光二极管是一种具有高效、长寿命、节能等特点的照明和显示器件。随着技术的不断改进，LED 在各个领域的应用将会越来越广泛。

视频

单片机内部程序存储器 ROM

2. 单片机内部存储器结构

存储器是单片机中的一个很重要的组成部分。单片机内部一般集成有程序存储器（ROM）和数据存储器（RAM）。下面以 AT89C51 为例，说明单片机内部存储器结构。其他型号资料可自查对照。

1）程序存储器（ROM）

程序存储器用来存放程序和重要的数据。用户编写的程序（机器代码）最终要放在这里，以便 CPU 执行。程序的存放一般是在单片机系统工作之前事先进行的。单片机系统工作时，一般不再改动这些信息，也就是常说的对程序存储器的访问只限于“读出”，不允许“写入”，即只能“读”不能“写”。

AT89C51 单片机程序存储器空间为 64 KB，内部有 0000H ~ 0FFFH 共 4 KB 存储空间，本任务源程序很小，生成的机器代码也很少，只有几十字节的容量，可以存放在单片机内部

学习笔记

视频

单片机内部数据存储器RAM

ROM 中。单片机外部程序存储器的编址空间为 0000H ~ 0FFFFH。显然，片内、片外程序存储器地址有重叠的部分。程序运行时，CPU 首先从程序存储器的 0000H 单元开始读取指令，从 0000H 开始部分的程序存储单元究竟是指片内还是片外，由单片机的$\overline{EA}$引脚决定。当$\overline{EA}$引脚接高电平时，选择片内，反之则选择片外。

2）数据存储器（RAM）

AT89C51 的内部 RAM 共有 256 个单元，通常把这 256 个单元按其功能划分为两部分：低 128 单元（单元地址 00H ~ 7FH）和高 128 单元（单元地址 80H ~ FFH）。表 1-9 说明了片内低 128 单元的分配方法。

表 1-9　片内低 128 单元的分配方法

单元地址	含　义
30H ~ 7FH	通用 RAM 区
20H ~ 2FH	位寻址区（00H ~ 7FH）
18H ~ 1FH	工作寄存器 3 区（R0 ~ R7）
10H ~ 17H	工作寄存器 2 区（R0 ~ R7）
08H ~ 0FH	工作寄存器 1 区（R0 ~ R7）
00H ~ 07H	工作寄存器 0 区（R0 ~ R7）

（1）低 128 单元。低 128 单元是单片机的真正 RAM 存储器，按其用途划分为三个区域：

①工作寄存器区。共有四组寄存器，每组 8 个寄存单元（各为 8 位），各组都以 R0 ~ R7 作寄存单元编号。寄存器常用于存放操作数及中间结果等，由于它们的功能及使用不做预先规定，因此称为通用寄存器，有时也称为工作寄存器。四组通用寄存器占据内部 RAM 的 00H ~ 1FH 单元地址。

在任一时刻，CPU 只能使用其中的一组寄存器，并且把正在使用的那组寄存器称为当前寄存器组。到底是哪一组，由程序状态字寄存器（PSW）中 RS1、RS0 位的状态组合来决定，见表 1-10。

表 1-10　当前工作寄存器组的选择

RS1	RS0	被选寄存器组	寄存器 R0 ~ R7 的地址
0	0	0 组	00H ~ 07H
0	1	1 组	08H ~ 0FH
1	0	2 组	10H ~ 17H
1	1	3 组	18H ~ 1FH

通用寄存器为 CPU 提供了就近数据存储的便利，有利于提高单片机的运算速度。此外，使用通用寄存器还能提高程序编制的灵活性，因此在单片机的应用编程中应充分利用这些寄存器，以简化程序设计，提高程序运行速度。

②位寻址区。内部 RAM 的 20H ~ 2FH 单元既可作为一般 RAM 单元使用，进行字节操作，也可以对单元中每一位进行位操作，因此把该区称为位寻址区。位寻址区共有 16 个 RAM 单元，共 128 位，位地址为 00H ~ 7FH。表 1-11 为片内 RAM 位寻址区的位地址。

③通用 RAM 区。位寻址区后的 30H ~ 7FH 共 80 字节为通用 RAM 区。这些单元可以作为数据缓冲器使用。

学习笔记

表 1-11　片内 RAM 位寻址区的位地址

单元地址	MSB			位地址				LSB
2FH	7F	7E	7D	7C	7B	7A	79	78
2EH	77	76	75	74	73	72	71	70
2DH	6F	6E	6D	6C	6B	6A	69	68
2CH	67	66	65	64	63	62	61	60
2BH	5F	5E	5D	5C	5B	5A	59	58
2AH	57	56	55	54	53	52	51	50
29H	4F	4E	4D	4C	4B	4A	49	48
28H	47	46	45	44	43	42	41	40
27H	3F	3E	3D	3C	3B	3A	39	38
26H	37	36	35	34	33	32	31	30
25H	2F	2E	2D	2C	2B	2A	29	28
24H	27	26	25	24	23	22	21	20
23H	1F	1E	1D	1C	1B	1A	19	18
22H	17	16	15	14	13	12	11	10
21H	0F	0E	0D	0C	0B	0A	09	08
20H	07	06	05	04	03	02	01	00

(2)高 128 单元。内部 RAM 的高 128 单元(80H ~ FFH)是供给专用寄存器使用的,因这些寄存器的功能已做专门规定,故而称之为特殊功能寄存器(special function register,SFR)。AT89C51 单片机有 21 个 8 位的特殊功能寄存器,它们离散地分布在这 128 个地址单元中,其中有 11 个 SFR 具有位地址可以进行位寻址,对应的位也有位名称,它们的字节地址正好能被 8 整除。

SFR 的名称、符号、字节地址及可位寻址的位名称和位地址见表 1-12。

注意:其他的大部分是空余单元,它们没有定义不能作为内部 RAM 使用。如果对空余单元进行读写操作,将会得到一个不确定的随机数。

下面简单介绍其中的部分特殊功能寄存器,其余将在有关任务中详细说明。

①程序计数器(PC)。PC 是一个 16 位的计数器,它的作用是控制程序的执行顺序。其内容为将要执行指令的地址,寻址范围达 64 KB。PC 有自动加 1 功能,从而实现程序的顺序执行。PC 不占据 RAM 单元,它在物理上是独立的,因此是不可寻址的寄存器,用户无法对它进行读写操作,但可以通过转移、调用、返回等指令改变其内容,以实现程序的转移。需要特别指出的是,单片机复位后,各寄存器的初始状态是不一样的,PC 复位后为 0000H,表明单片机将由 0000H 单元开始执行程序。

②累加器(ACC)。累加器为 8 位寄存器,是运用最频繁的寄存器,功能强大,简称累加器 A。它是运算器中最重要的寄存器,大多数操作都要有累加器的参与,同时用于存放操作数和运算结果。

③B 寄存器。B 寄存器是一个 8 位寄存器,主要用于乘除运算。乘法运算时,B 是乘数。乘法操作后,乘积的高 8 位存于 B 中。除法运算时,B 是除数。除法操作后,余数存于 B 中。此外,B 寄存器也可作为一般数据寄存器使用。

学习笔记

表 1-12　特殊功能寄存器地址表

SFR 名称	符号	MSB			位地址/位定义				LSB	字节地址
B 寄存器	B	F7	F6	F5	F4	F3	F2	F1	F0	F0H
累加器	ACC	E7	E6	E5	E4	E3	E2	E1	E0	E0H
程序状态字	PSW	D7	D6	D5	D4	D3	D2	D1	D0	D0H
		CY	AC	F0	RS1	RS0	OV	F1	P	
中断优先级控制	IP	BF	BE	BD	BC	BB	BA	B9	B8	B8H
		/	/	/	PS	PT1	PX1	PT0	PX0	
I/O 口 3	P3	B7	B6	B5	B4	B3	B2	B1	B0	B0H
		P3.7	P3.6	P3.5	P3.4	P3.3	P3.2	P3.1	P3.0	
中断允许控制	IE	AF	AE	AD	AC	AB	AA	A9	A8	A8H
		EA	/	/	ES	ET1	EX1	ET0	EX0	
I/O 口 2	P2	A7	A6	A5	A4	A3	A2	A1	A0	A0H
		P2.7	P2.6	P2.5	P2.4	P2.3	P2.2	P2.1	P2.0	
串行数据缓冲	SBUF									99H
串行口控制	SCON	9F	9E	9D	9C	9B	9A	99	98	98H
		SM0	SM1	SM2	REN	TB8	RB8	TI	RI	
I/O 口 1	P1	97	96	95	94	93	92	91	90	90H
		P1.7	P1.6	P1.5	P1.4	P1.3	P1.2	P1.1	P1.0	
定时/计数器 1 高 8 位	TH1									8DH
定时/计数器 0 高 8 位	TH0									8CH
定时/计数器 1 低 8 位	TL1									8BH
定时/计数器 0 低 8 位	TL0									8AH
定时/计数器方式选择	TMOD	GATE	C/T	M1	M0	GAT	C/T	M1	M0	89H
定时/计数器控制	TCON	8F	8E	8D	8C	8B	8A	89	88	88H
		TF1	TR1	TF0	TR0	IE1	IT1	IE0	IT0	
电源控制及波特率选择	PCON	SMOD	/	/	/	/	/	/	/	87H
数据指针高 8 位	DPH									83H
数据指针低 8 位	DPL									82H
堆栈指针	SP									81H
I/O 口 0	P0	87	86	85	84	83	82	81	80	80H
		P0.7	P0.6	P0.5	P0.4	P0.3	P0.2	P0.1	P0.0	

④程序状态字(PSW)。程序状态字是一个 8 位寄存器，用于存放程序运行中的各种状态信息。其中有些位状态是根据程序执行结果，由硬件自动设置的，而有些位状态则使用软件

学习笔记

方法设定。一些控制转移指令将根据 PSW 某些位的状态，进行程序转移。PSW 各位的定义见表 1-13。

表 1-13　PSW 各位的定义

位地址	D7H	D6H	D5H	D4H	D3H	D2H	D1H	D0H
位名称	CY	AC	F0	RS1	RS0	OV	—	P

CY(PSW.7)：进位标志位。CY 是 PSW 中最常用的标志位。在进行加减运算时，如果操作结果最高位有进位或借位时，CY 由硬件置 1，否则 CY 清零；在进行位操作时，CY 作累加位使用。指令助记符中用 C 表示。

AC(PSW.6)：辅助进位标志位。在进行加减运算中，若操作结果的低半字节(D3 位)向高半字节产生进位或借位时，AC 位将由硬件自动置 1，否则 AC 位清零。

F0(PSW.5)：用户标志位。这是一个供用户定义的标志位，需要利用软件方法置位或复位，用以控制程序的转向。

RS1 和 RS0(PSW.4、PSW.3)：寄存器组选择位。用于选择 CPU 当前工作的通用寄存器组，相关知识前面已经介绍过。当单片机上电或复位后，RS1RS0 = 00。

OV(PSW.2)：溢出标志位。在带符号数加减运算中，OV = 1 表示加减运算超出了累加器 A 所能表示的符号数有效范围(-128 ~ +127)，即产生了溢出，因此运算结果是错误的；否则，OV = 0 表示运算正确，即无溢出产生。

在乘法运算中，OV = 1 表示乘积超过 255，即乘积分别在 B 与 A 中；否则，OV = 0，表示乘积只在 A 中。在除法运算中，OV = 1 表示除数为 0，除法不能进行；否则，OV = 0，除数不为 0，除法可正常进行。

P(PSW.0)：奇偶标志位。表示指令运行后累加器 A 中 1 的个数的奇偶性，若 1 的个数为偶数，P = 0；否则，为 1。

3. C51 函数

视频

C51函数

C 语言程序采用函数形式组织程序结构。一个 C 语言程序由一个或多个函数组成，每个函数完成相对独立的功能。每个 C 语言程序都必须有(且仅有)一个主函数 main()，也可以包含若干个其他的功能函数。不管 main() 函数放于何处，程序总是从 main() 函数开始执行，执行到 main() 函数结束则结束。在 main() 函数中调用其他函数，其他函数也可以相互调用，但 main() 函数只能调用其他的功能函数，而不能被其他的函数所调用。

1) 函数的定义

通常 C 语言的编译器会自带标准的函数库，Keil 中也不例外。标准函数已由编译器软件商编写定义，使用者直接调用即可，而无须定义。但是标准函数不足以满足使用者的特殊要求，因此 C 语言允许使用者根据需要编写特定功能的函数。要调用它必须要先对其进行定义。定义的格式如下：

```
函数类型    函数名称(形式参数表)
{
    函数体
}
```

函数类型是说明所定义函数返回值的类型。返回值其实就是一个变量，只要按变量类型来定义函数类型即可。如函数不需要返回值，函数类型写为“void”表示该函数没有返回值。

学习笔记

需要注意的是,函数体返回值的类型一定要和函数类型一致,不然会造成错误。

函数名称的定义在遵循 C 语言变量命名规则的同时,不能在同一程序中定义同名的函数,这将会造成编译错误(同一程序中是允许有同名变量的,因为变量有全局和局部变量之分)。形式参数是指调用函数时要传入函数体内参与运算的变量,它能有一个、几个或没有,当不需要形式参数也就是无参函数,括号内为空或写入"void"表示,但括号不能少。

函数体中可包含有局部变量的定义和程序语句,如函数要返回运算值则要使用 return 语句进行返回。在函数的{}号中也可什么也不写,这就成了空函数,在一个程序项目中能写一些空函数,在以后的修改和升级中能方便在这些空函数中进行功能扩充。

2)函数的调用

函数定义好以后,要被其他函数调用了才能被执行。C 语言的函数是能相互调用的,但在调用函数前,必须对函数的类型进行说明,就算是标准库函数也不例外。标准库函数的说明会被按功能分别写在不一样的头文件中,使用时只要在文件最前面用#include 预处理语句引入相应的头文件即可。

调用就是指一个函数体中引用另一个已定义的函数来实现所需要的功能,这个时候函数体称为主调用函数,函数体中所引用的函数称为被调用函数。一个函数体中能调用数个其他函数,这些被调用的函数同样也能调用其他函数,也能嵌套调用。在 C51 语言中,有一个函数是不能被其他函数所调用的,它就是 main()主函数。调用函数的一般形式如下:

```
函数名(实际参数表)
```

"函数名"就是指被调用的函数;"实际参数表"能为零或多个参数,多个参数时要用逗号隔开,每个参数的类型、位置应与函数定义时所的形式参数一一对应,它的作用就是把参数传到被调用函数中的形式参数,如果类型不对应就会产生一些错误。调用的函数是无参函数时不写参数,但不能省略后面的括号。

3)C 语言程序基本结构

C 语言程序有顺序结构、选择结构和循环结构,C 语言程序的执行部分由语句组成,C 语言提供了丰富的控制语句,可以对单片机程序进行结构化设计。这些语句主要包括表达式语句、复合语句、选择语句和循环语句等。

C 语言程序基本结构如图 1-18 所示。本任务主要使用了循环语句。

本任务在程序处理过程中,需要某一段程序重复执行多次,这时就需要循环结构来实现,循环结构就是能够使程序段重复执行的结构。循环结构可以用下面三条语句来实现:while 语句、do-while 语句、for 语句。

(1)while 语句。while 语句在 C51 中用于实现当型循环结构,它的格式如下:

```
while(表达式)
    {语句组;}   /* 循环体*/
```

视频

循环语句

while 语句后面的表达式是能否循环的条件,后面的语句是循环体。当表达式为非 0(真)时,就重复执行循环体内的语句;当表达式为 0(假)时,则中止 while 循环,程序将执行循环结构之外的下一条语句。它的特点是:先判断条件,后执行循环体。在循环体中对条件进行改变,然后再判断条件,如条件成立,则再执行循环体;如条件不成立,则退出循环。如条件第一次就不成立,则循环体一次也不执行。流程图如图 1-19 所示。

学习笔记

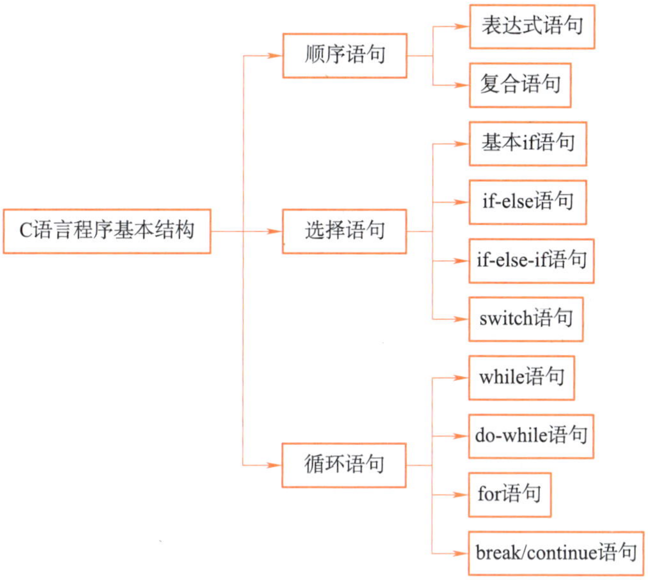

图 1-18　C 语言程序基本结构

(2)do-while 语句。do-while 语句又称“直到”循环语句。一般格式:

```
do
{
    循环语句;
}
while(条件表达式);
```

注意:尾行的分号不能省!

执行步骤如下:

①执行循环体语句组。

②计算“条件表达式”,为真(非 0),转第①步继续执行;否则,转第③步。

③执行 do-while 的下一条语句。

do-while 语句的特点是:先执行循环体语句组,然后再判断循环条件。do-while 语句执行流程图如图 1-20 所示。

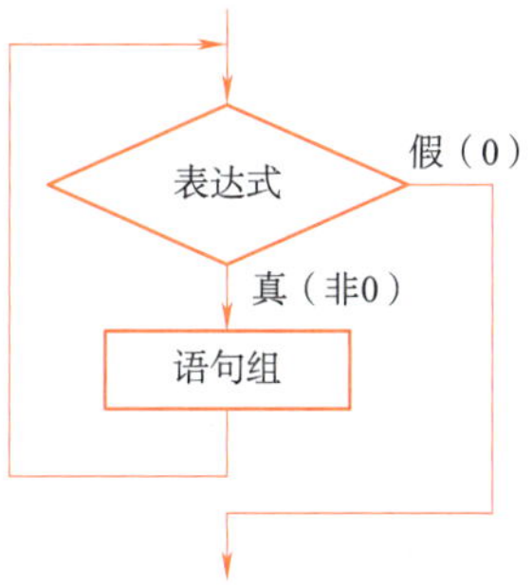

图 1-19　while 语句执行流程图

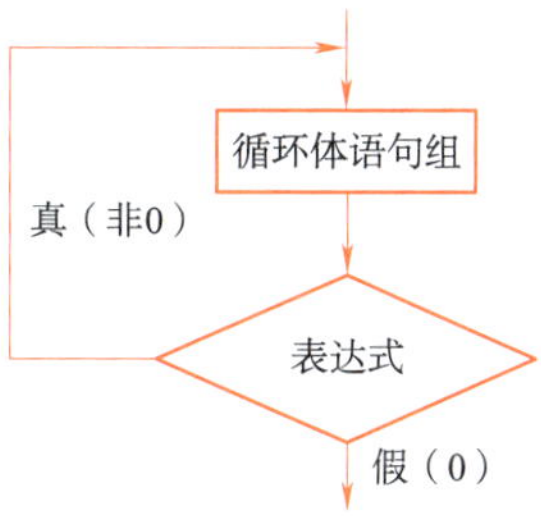

图 1-20　do-while 语句执行流程图

学习笔记

素材

灯光报警虚拟仿真图

(3) for 语句。一般格式：

```
for(表达式1;表达式2;表达式3)
{语句组;}          /* 循环体*/
```

for 语句后面带三个表达式，它的执行步骤如下：

①先求解表达式 1 的值。

②求解表达式 2 的值，如表达式 2 的值为真，则执行循环体中的语句组，然后执行下一步的操作；如表达式 2 的值为假，则结束 for 循环，转到最后一步。

③若表达式 2 的值为真，则执行完循环体中的语句组后，求解表达式 3，然后转到第④步。

④转到第②步继续执行。

⑤退出 for 循环，执行下面的一条语句。

在 for 循环中，表达式 1 为初值表达式，用于给循环变量赋初值；表达式 2 为条件表达式，对循环变量进行判断；表达式 3 为循环变量更新表达式，用于对循环变量的值进行更新，使循环变量能不满足条件而退出循环。for 语句执行流程图如图 1-21 所示。

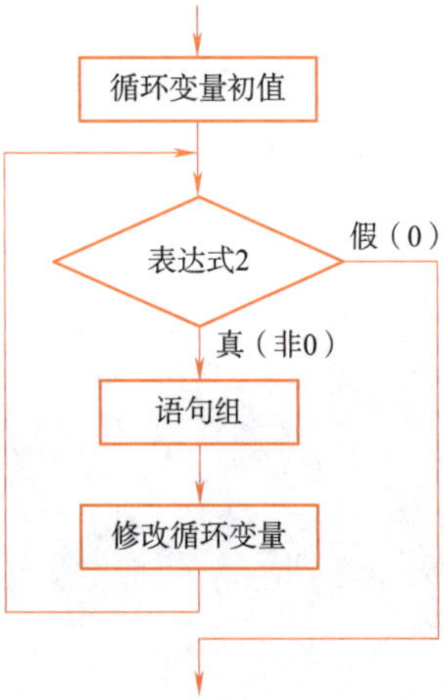

图 1-21　for 语句执行流程图

> **小提示：**
>
> 由于 C 语言采用函数作为子程序模块，因此易于实现结构化程序设计，使程序的层次结构清晰、直观，便于程序的编写、阅读、调试及维护，将程序设计中经常用到的一些计算或操作编成通用的函数，以供随时调用，还能够大大减轻程序员的代码编写工作量。

任务实施

1. 硬件电路设计

P0 口作通用 I/O 口用，由于漏极开路，需外接上拉电阻。而 P1 ~ P3 口内部有 30 kΩ 左右的上拉电阻。

下面讨论 P1 ~ P3 口与 LED 驱动连接的问题。

单片机并行端口 P1 ~ P3 直接驱动发光二极管，电路如图 1-22 所示。

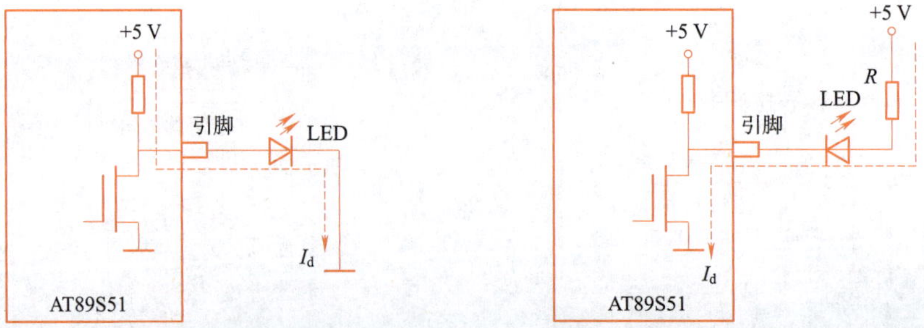

(a) 不恰当的连接：高电平驱动　　(b) 恰当的连接：低电平驱动

图 1-22　单片机并行端口 P1 ~ P3 直接驱动发光二极管

学习笔记

P1 ~ P3 口内有 30 kΩ 左右的上拉电阻，如高电平输出，则从 P1、P2 和 P3 口输出的拉电流 I_d 仅几百微安，驱动能力较弱，亮度较差，如图 1-22(a)所示。

如端口引脚为低电平，能使灌电流 I_d 从单片机外部流入内部，则将大大增加流过的灌电流值，如图 1-22(b)所示。AT89C51 任一端口要想获得较大的驱动能力，要用低电平输出。如一定要高电平驱动，则可在单片机与发光二极管间加驱动电路，如 74LS04、74LS244 等。

素材 灯光报警硬件电路图

本任务电路设计如图 1-23 所示。

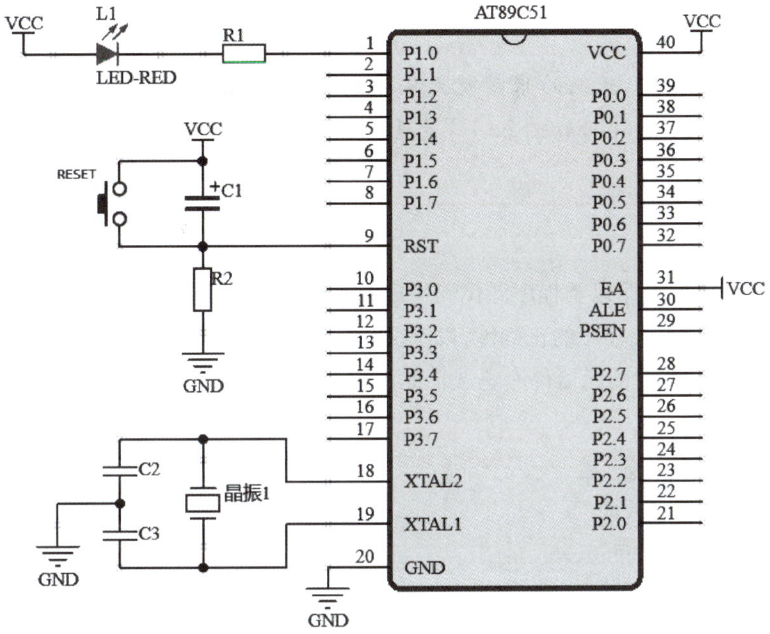

图 1-23　电路设计

2. 软件程序设计

只要通过程序，改变 P1.0 引脚输出的电平就可以点亮或者熄灭 LED，如果让这个过程循环起来，就可以作为闪烁的报警灯使用了。程序流程图如图 1-24 所示。

Delay()是延时功能的函数，使用 for 语句来实现。延长 LED 亮和灭的时间，使眼睛可以观察到，延时时间越长，闪烁的频率越慢。根据流程图，LED 闪烁控制的 C 语言程序如下：

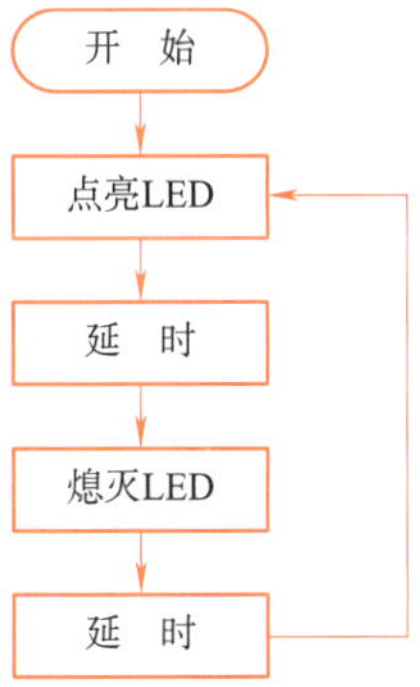

图 1-24　LED 闪烁程序流程图

```
#include <reg52.h>              //包含 reg52.h 头文件
sbit LED = P1^0;                //定义 LED 是 P1.0 位
                                //对应的引用符号
void Delay (unsigned int i)     //延时函数
{
    unsigned int  k ;
        for (k=0; k<i;k++);
}
void main()
{
    while(1)                    //无限循环
```

学习笔记

素材

灯光报警功能源代码

```
    {
      LED = 0;                    //P1.0 =0,LED 点亮
      Delay(2000);                //延时
      LED = 1;                    //P1.0 =1,LED 熄灭
      Delay(2000);
    }
}
```

小提示:

当 LED 闪烁太快,我们的眼睛就无法观察到,因此需要添加延时程序,延时 LED 亮和灭的时间。Delay(unsigned int i)是延时功能函数,形式参数 i 的大小决定了延时时间的长短。

3. 软件仿真

根据设计的硬件电路以及程序源代码生成的 hex 文件,可以借助 Proteus 仿真软件进行虚拟仿真,初步验证电路及程序的正确性,以确保该任务在理论上是成功的。

从 Proteus 仿真软件的元器件库里选出此次仿真需要用到的元器件,见表 1-14。

表 1-14　Proteus 仿真元件对照表

元　器　件	仿真元件
单片机	AT89C51
晶振	CRYSTAL
非极性电容	CAP
极性电容	CAPACITOR POL
电阻	RES
LED 灯	LED-RED

或直接在 Keywords 文本框里按照元器件名称搜索,添加仿真元器件。仿真电路图如图 1-25 所示。

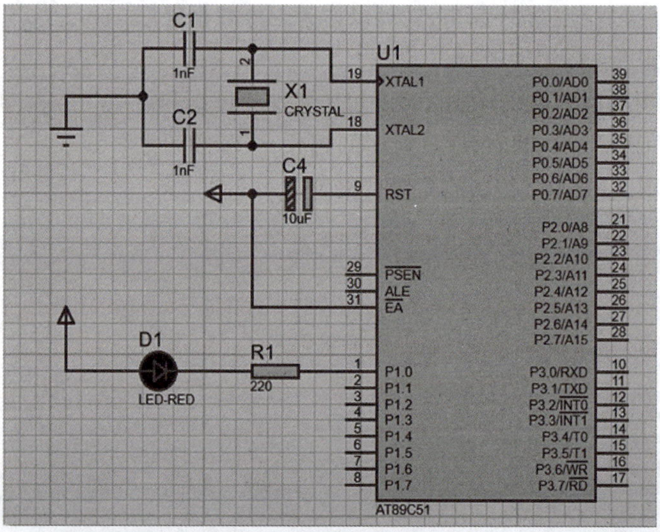

图 1-25　Proteus 仿真电路图

学习笔记

4. 电路制作与调试

通过 Proteus 仿真验证后，就可以着手准备实物的制作了。在任务一的基础上新增实物制作清单见表 1-15。

表 1-15　实物制作清单

名　称	型　号	封　装	数　量
LED	红色	直插	1
电阻	220	AXIAL-0. 3	1

任务总结

本任务利用单片机 I/O 口实现了 LED 的闪烁。本任务的重点是 LED 点亮和熄灭的原理。难点是合理利用循环语句实现 LED 闪烁的程序设计和延时函数的编写。

任务评价

本任务的评价类别、评价内容及所占分值见表 1-16。

表 1-16　任务评价

评价类别	评价内容	评价指标	分值	自我评价	小组评价	教师评价
专业知识	任务准备	是否掌握 LED 点亮和熄灭的原理	5			
		是否掌握单片机端口操作的原理	10			
专业技能	任务实施	能够正确设计 LED 的接口电路	20			
		能够编程实现 LED 的点亮和熄灭的程序	10			
		能够利用 Proteus 仿真软件绘制仿真电路	15			
		能够利用仿真软件调试硬件电路及程序，并能针对出现的问题进行解决	10			
		能够焊接、调试实际电路	5			
		能够撰写任务总结报告	5			
专业素质	核心素养	能否发现问题、分析问题、创新性解决问题	5			
		能否与同学交流协作，是否有团队合作意识	5			
		学习态度是否端正，是否积极参与教学活动	5			
		工作作风是否严谨，是否自觉遵章守纪	5			
总　评			100			

任务拓展

在一些实际的复杂系统中，往往需要多颜色的指示灯来指示设备的运行情况，比如红色表示设备故障，绿色表示设备正常，黄色表示提醒，多个 LED 依次点亮循环不断，做流水灯状态表示设备运行中。

尝试使用 8 个 LED 依次轮流点亮，做流水灯状态，指示设备正在运行中。

学习笔记

知识训练

选择题

1. 使用单片机开发系统调试程序时，对C语言源程序进行编译的目的是(　　)。
   A. 将C语言源程序转换成hex文件
   B. 将hex文件转换成C语言源程序
   C. 将低级语言转换成高级语言
   D. 连续执行
2. 单片机的简称是(　　)。
   A. MCP　　B. PLC　　C. MCU　　D. DSP
3. 以下叙述不正确的是(　　)。
   A. 一个C程序可以由一个或多个函数组成
   B. 一个C程序必须包含一个main()函数
   C. 程序的基本组成单位是函数
   D. 在C程序中，注释说明只能位于一条语句的后面
4. 提高单片机的晶振频率，则机器周期(　　)。
   A. 不变　　B. 变长　　C. 变短　　D. 不定
5. 一个C语言程序的执行是从(　　)。
   A. 本程序的main()函数开始，到main()函数结束
   B. 本程序文件的第一个函数开始，到本程序文件的最后一个函数结束
   C. 本程序的main()函数开始，到本程序文件的最后一个函数结束
   D. 本程序文件的第一个函数开始，到本程序文件的main()函数结束

项目二

多路抢答器的设计

项目综述

学习笔记

“公正”是人们自古以来的价值追求，意为公平正直，没有偏私。抢答器是在各种竞争性活动中帮助裁判公正做出判断的设备。本项目将重点探究应用单片机内部核心资源中断系统实现抢答器的设计与制作；利用单片机的外部中断实时处理突发事件，实现抢答器的抢答功能，同时配合外围数码管显示电路、按键电路的设计，实现抢答器功能，做好“公正”价值观的卫士。项目任务要求及技术指标：

- 设计制作一个四路数字式竞赛抢答器，四个按钮分别用 S1 ~ S4 表示。
- 设置一个系统清除和抢答控制开关 S。主持人按下控制开关 S 之后，参赛者方可抢答。
- 系统具有第一抢答信号的鉴别和显示功能。在主持人按下控制开关 S 之后，显示倒计时时间，若有参赛者按抢答开关，则电路显示抢答者编号，此时，电路应具备自锁功能，使别组的抢答开关不起作用。

要完成该项目整个系统的设计，主要分为数码管显示电路、按键电路、抢答电路三个任务来实现。项目整体设计框图如图 2-1 所示。

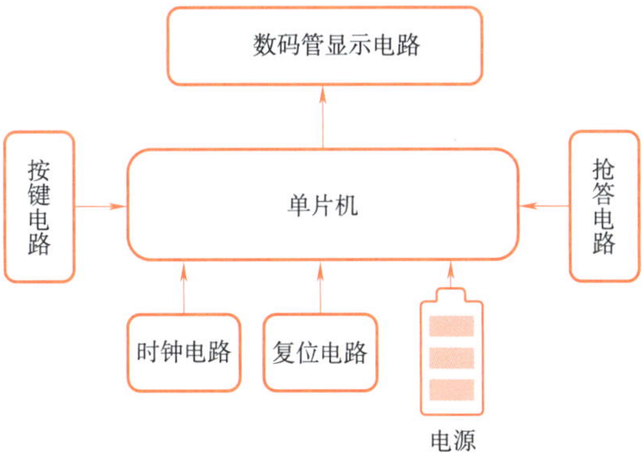

图 2-1　项目整体设计框图

项目导读

学习重点	（1）单片机中断系统工作原理。 （2）数码管显示原理及静态驱动电路。 （3）按键软件消抖程序

学习笔记

学习难点	(1)中断服务函数的执行原理及编写。 (2)数码管静态驱动电路设计。 (3)矩阵按键检测原理
学习方法	从子任务入手,边做边学,仿真与实操结合。遇到重点、难点可以扫码多次观看视频
建议学时	12 学时

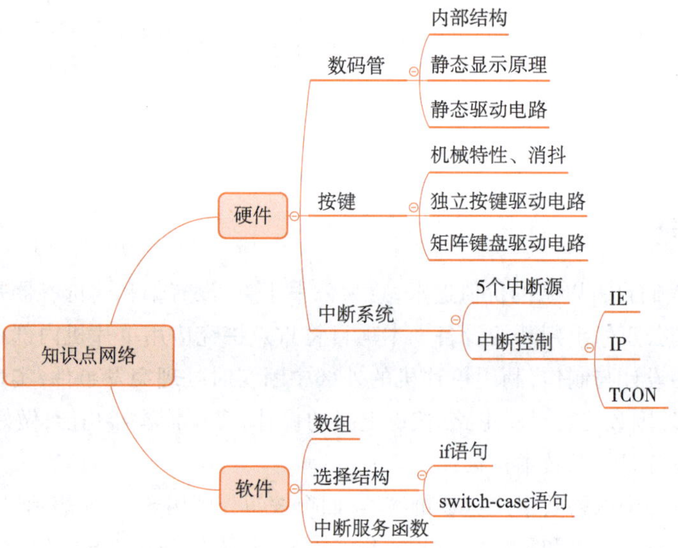

任务一　抢答器显示器的设计

✧ 知识目标

- 掌握数码管工作原理。
- 掌握数组及其应用。

✧ 能力目标

- 能够根据项目需求设计单片机与数码管接口驱动电路。
- 能够根据要求编写数码管显示函数。

✧ 素质目标

- 养成自主设计能力,锻炼独立思维与创新思维。
- 养成严谨、细致、规范的职业态度。
- 培养科技报国,自主创新的精神。

任务描述

在嵌入式电子产品中,显示器是人机交互的重要组成部分,数码管具有价格低廉、结构简单、可靠性高等特点,在电子产品中广泛使用,如图 2-2 所示。

本任务在单片机最小系统的基础上,设计抢答器的显示模块。具体任务要求如下:

(1)利用 LED 数码管作为抢答器的显示器,显示最先抢答者的数字编号和倒计时时间。

学习笔记

图 2-2　数码管应用

（2）数字编号跟倒计时时间分别用 2 位数码管显示，抢答倒计时具有 30 s 倒计时。

知识链接

1. 认识数码管及静态显示

1）数码管结构和工作原理

LED 数码管的种类很多，外观有一位、二位连体、三位连体等，颜色也有不同，如红色、绿色、黄色等，如图 2-3 所示。

视频

数码管及工作原理

（a）实物图　　（b）引脚图

图 2-3　数码管外观图

LED 数码管内部由多个发光二极管组成。根据内部二极管连接方式，又分为共阴极和共阳极两种。共阴极内部发光二极管阴极连在一起，接低电平。共阳极内部发光二极管阳极连在一起，接高电平，如图 2-4 所示。由图 2-4 可见，单个数码管内部共有 8 只发光二极管，a、b、c、d、e、f、g 分别为 7 个发光段引脚，dp 引脚为小数点。这 7 个发光段可组成字形，故单个数码管称为七段数码显示。

数码管工作时每个发光二极管一般需串联一个限流电阻，每个发光二极管电流控制在 10～20 mA 较合适。电流太大容易引起某段过电流而烧坏数码管，而电流太小又无法得到足

学习笔记

够的发光度。

数码管能够显示数字 0 ~ 9 及字母 A ~ F。输入数码管 dp、g、f、e、d、c、b、a 的二进制码称为字形码(或称字段码),数码管显示的结果为字形。下面以图 2-5 所示单片机与数码管接口连接方式,共阳极数码管显示字形“1”为例,说明电路的工作原理。

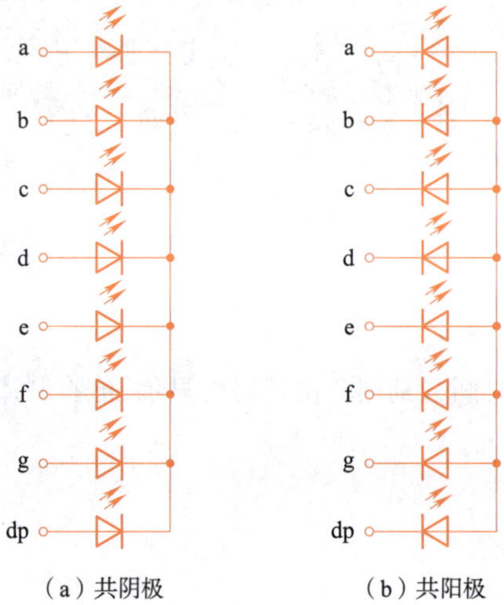

图 2-4　数码管内部结构图

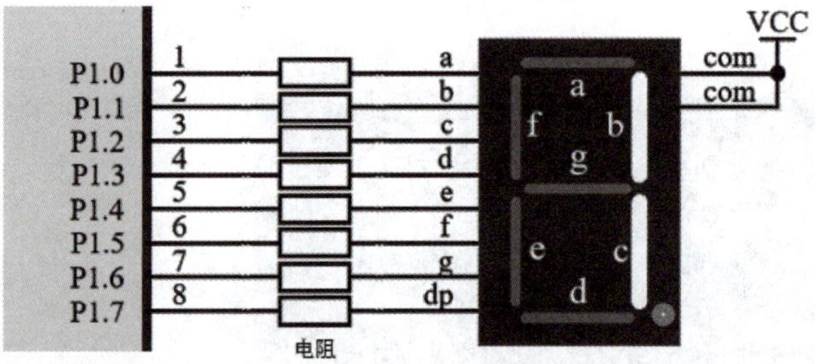

图 2-5　数码管显示接口图

共阳极数码管显示字形“1”,只需要数码管 b、c 段点亮,a、d、e、f、g、dp 段熄灭,P1. 1 与 P1. 2 引脚应输出低电平,P1. 0、P1. 3 ~ P1. 7 引脚输出高电平,特殊功能寄存器 P1 对应的二进制位为 11111001,十六进制为 0xF9,只要用指令 P1 = 0xF9,则数码管显示“1”。以此类推,可得出共阳极和共阴极数码管显示字形与字形码的对应关系,见表 2-1。

表 2-1　LED 数码管显示字形与字形码关系

显示字形	共阳极字形码	共阴极字形码
0	0xC0	0x3F
1	0xF9	0x06
2	0xA4	0x5B
3	0xB0	0x4F
4	0x99	0x66

学习笔记

续表

显示字形	共阳极字形码	共阴极字形码
5	0x92	0x6D
6	0x82	0x7D
7	0xF8	0x07
8	0x80	0x7F
9	0x90	0x6F
A	0x88	0x77
B	0x83	0x7C
C	0xC6	0x39
D	0xA1	0x5E
E	0x86	0x79
F	0x8E	0x71
“灭”	0xFF	0x00

小提示：

在使用表2-1中的字形码时，必须把数码管按照引脚a、b、c、d、e、f、g、dp的顺序分别接于单片机P1口的P1.0～P1.7，如果不按照顺序接，需要根据显示原理自行推导出字形码。

2）多位数码管显示方式

多位数码管的显示有两种方式：静态显示方式和动态显示方式。本任务主要介绍静态显示方式。

静态显示是每个数码管必须接一个8位锁存器用来锁存待显示的字形码，送入一次字形码显示字形一直保持，直到送入新字形码为止。2位数码管的静态显示接口电路示意图如图2-6所示。

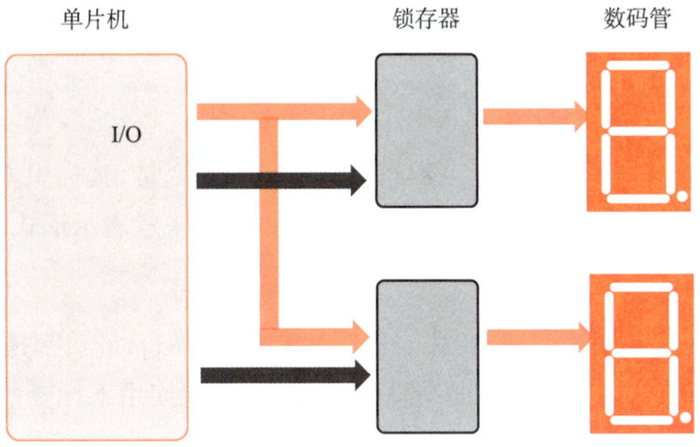

图2-6　2位数码管的静态显示接口电路示意图

图中每一个锁存器的输入端并联接单片机的一组I/O口，输出端分别接数码管的8个引脚，2个锁存器的锁存端接单片机引脚，当锁存器的锁存端有效时，该锁存器对应的数码管保

学习笔记

持显示内容；当锁存器的锁存端无效时，该锁存器对应的数码管可修改显示内容。

这种方法的优点是占用 CPU 时间少，显示便于监测和控制。缺点是硬件电路比较复杂，成本较高。

2. 数组

在数码管 C 语言程序设计中，运用数组保存数码管的字形码能够方便、灵活地处理数码管显示问题。

1）一维数组的定义

在 C 语言中，使用数组必须先定义。一维数组定义的一般形式为

```
类型说明符 数组名[常量表达式];
```

其中，类型说明符是任一种基本数据类型或构造数据类型，如 int、char、float 等；数组名是用户定义的数组标识符；方括号中的常量表达式表示数据元素的个数，也称为数组的长度。例如：

```
int a[10];        /* 定义了一个整型数组，数组名为 a，数组 a 有 10 个元素，每个元素都是整
                     型变量，依次为 a[0]，a[1]，…，a[9]*/
char ch[20];      /* 定义了一个字符型数组，数组名为 ch，数组 ch 有 10 个元素，每个元素都
                     是字符型变量，依次为 ch[0]，ch[1]，…，ch[9]*/
```

关于数组定义应注意以下几点：

（1）数组的类型实际上是指数组元素的取值类型。对于同一个数组，其所有元素的数据类型都是相同的。

（2）数组名不能与其他变量名相同。

（3）方括号中常量表达式表示数组元素的个数，如 a[4]表示数组 a 有 4 个元素。但是其下标以 0 开始计算。因此，4 个元素分别为 a[0]、a[1]、a[2]、a[3]。

（4）不能在方括号中用变量来表示元素的个数，但是可以用符号常量或常量表达式。

例如，下述数组定义是合法的：

```
#define FD 5
int a[3+2],b[7+FD];
```

但是下述定义方式是错误的：

```
int n=5;
int a[n];
```

2）一维数组元素的引用

数组元素是组成数组的基本单元。数组元素也是一种变量，其标识方法为数组名后跟一个下标。下标表示了元素在数组中的顺序号。数组元素的一般表示形式为

```
数组名[下标]
```

其中，下标只能为整型常量或整型表达式。例如：a[5]、a[i+j]、a[i]都是合法的数组元素。

数组元素通常也称为下标变量。必须先定义数组，才能使用下标变量。

例如：

```
int a[5];      //定义数组 a
a[3]=6;        //为数组元素 a[3]赋值为 6
```

学习笔记

> 小提示：
>
> 数组的定义与引用的区别：
>
> 定义数组时数组下标不能是变量，例如：
>
> int a[i];是错误的，这里是数组的定义。
>
> 但是数组元素的引用，下标可以是变量，例如：
>
> ```
> int b[10];
> for(int i;i<10;i++)
> b[i]=i;     //这里b[i]是数组元素的引用，下标可以是变量，为数组的每个元素赋值
> ```

视频

数组及其在数码管程序设计中的应用

3）一维数组的初始化

数组元素赋值的方法除了用赋值语句逐个赋值外，还可采用初始化赋值的方法。初始化赋值即在定义数组时赋值，其一般形式为

```
类型说明符 数组名[常量表达式]={值,值,…,值};
```

其中，在{ }中的各数值即为各元素的初值，各值之间用逗号间隔。例如：

```
int a [10]={ 0,1,2,3,4,5,6,7,8,9 };
```

数组初始化之后，相当于 a [0] =0，a[1] =1，…，a[9] =9。

应用 C 语言对数组的初始化赋值还应注意以下几点：

（1）可以只给部分元素赋初值。当{ }中数据值的个数少于元素个数时，只给前面部分元素赋值。例如：

```
int a [10]={0,1,2,3,4};
```

表示只给 a[0] ~ a[4]这 5 个元素赋值，而后 5 个元素自动赋 0 值。

（2）只能给元素逐个赋值，不能给数组整体赋值。例如：10 个元素全部赋 1 值，只能写为

```
int a[10]={1,1,1,1,1,1,1,1,1,1};
```

而不能写为

```
int a [10]=1;
```

如给全部元素赋值，则在数组说明中可以不给出数组元素的个数。例如：

```
int a[5]={1,2,3,4,5};
```

也可写为

```
int a[ ]={1,2,3,4,5};
```

在第二种写法中，花括号中有 5 个数，系统会据此自动定义数组 a 的长度为 5。

任务实施

1. 硬件电路设计

根据任务要求，采用四个数码管即可满足要求，数码管个数不是很多，因此可以采用静态显示。根据相关知识可知，数码管静态显示需要锁存器驱动，本任务采用 74HC573 8 路三态

学习笔记

输出的非反转透明锁存器驱动共阳极数码管。74HC573 外形及引脚图如图 2-7 所示，引脚描述见表 2-2。

图 2-7　74HC573 外形及引脚图

表 2-2　引脚描述

引　脚　号	符　　号	功　　能
2～9	D0～D7	数据输入
1	$\overline{OE}$	三态输出使能（低电平有效）
12～19	Q0～Q7	数据输出
11	LE	锁存使能输入
10	GND	接地
20	VCC	电源电压

功能表见表 2-3。

表 2-3　74HC573 功能表

输　　入			输　　出
输出使能	锁存使能	D	Q
L	H	H	H
L	H	L	L
L	L	×	不变
H	×	×	高阻态

注：H 为高电平；L 为低电平；× 为高或低电平。

由上可知 74HC573 的工作原理：

当 $\overline{OE}$ 端为低电平，LE 端为高电平时，Q 端的输出才会和 D 端的输入保持一致。

当 LE 端为低电平时：无论输入端 D 为何种电平，Q 端只保持上一次的状态，而不会随 D 端的数据变化而变化。

当 $\overline{OE}$ 端为高电平时：无论 LE 端为何种电平，无论此时 D 端如何变化，Q 端都为高阻态。

根据数码管静态显示原理以及 74HC573 芯片特性，电路整体设计如图 2-8 所示。

在硬件电路设计中，由 STC89C51 单片机、时钟电路、复位电路构成单片机的最小系统。单片机 P2 口接四个 74HC573 的数据输入端控制数码管显示相应数字，P3.0、P3.1、P3.4、P3.5 分

素材

74HC573芯片手册

学习笔记

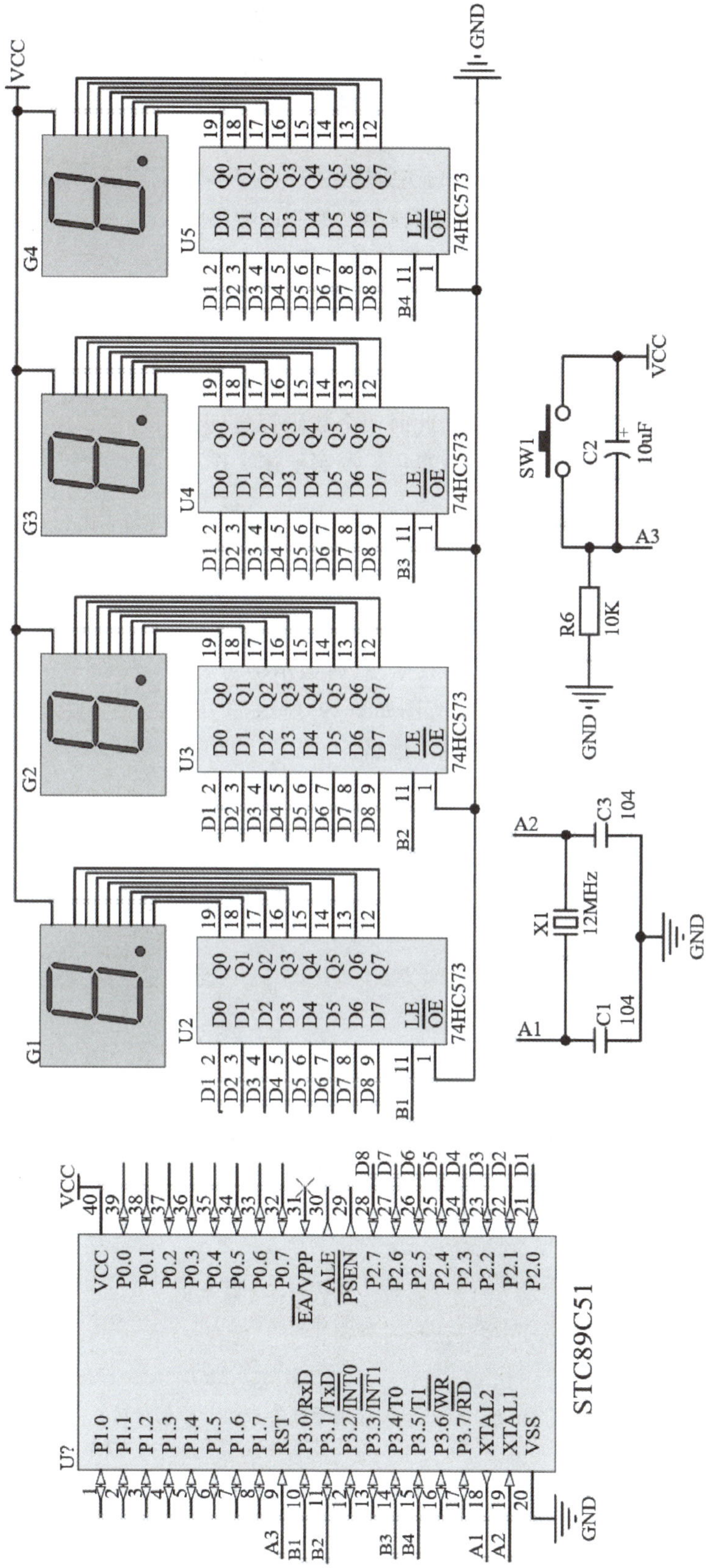

图2-8　数码管静态显示电路整体设计

学习笔记

别接 74HC573 的 LE 引脚,控制 74HC573 直通与锁存,74HC573 的$\overline{OE}$引脚接低电平,使 74HC573 处于一直使能状态。例如,使数码管显示 1234,电路的工作原理是:首先使单片机 P3.0 引脚输出高电平,P3.1、P3.4、P3.5 引脚输出低电平,使 U2 处于直通状态,U3、U4、U5 处于锁存状态,此时 P2 口引脚输出"1"的字形码,由于此时只有 U2 处于直通状态,所以只有 U2 控制的数码管显示"1",其他数码管不会显示"1"。然后使单片机 P3.1 引脚输出高电平,P3.0、P3.4、P3.5 引脚输出低电平,使 U3 处于直通状态,U2、U4、U5 处于锁存状态,此时 P2 口引脚输出"2"的字形码,由于此时只有 U3 处于直通状态,所以只有 U3 控制的数码管显示"2",其他数码管不会显示"2",此时四个数码管会显示"12",以此类推,可以使数码管显示"1234"。按照上述工作原理,可以使数码管显示任意数字。

2. 软件程序设计

根据任务要求,两个数码管显示倒计时,两个数码管显示抢答者编号,在设计显示程序时,可以先假设抢答者编号已经存放在变量里面,直接读取变量里面的数据,然后显示即可。倒计时显示 30 s 倒计时。对应的程序流程图如图 2-9 所示。

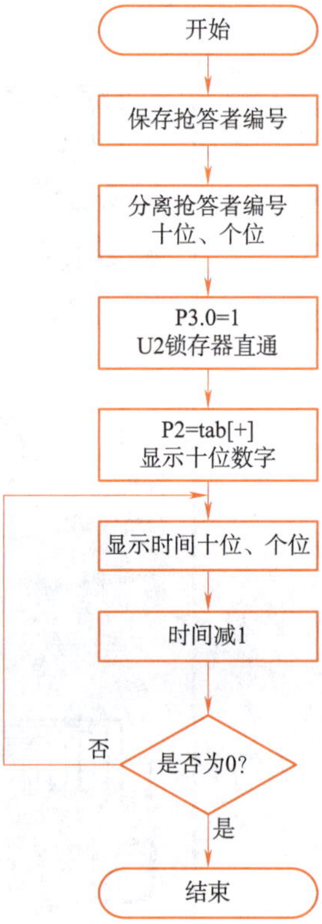

图 2-9 程序流程图

素材

抢答器显示源程序

关键程序代码如下(任务完整代码见二维码):

```
#include <reg51.h>

unsigned char tab[10] = {0xc0,0xf9,0xa4,0xb0,0x99,0x92,0x82,0xf8,0x80,0x90 };
                                        //定义数组存放共阳极型数码管字形码
unsigned char shijian,qiangda,time_ge,time_shi,bh_ge,bh_shi ;
unsigned char flag = 0,temp ;
sbit P3_0 = P3^0 ;
sbit P3_1 = P3^1 ;
sbit P3_4 = P3^4 ;
sbit P3_5 = P3^5 ;                      //定义位变量分别控制 74HC573
void delay(int time) ;                  //延时函数声明
void display(unsigned char bh,unsigned char time) ;
                                        //数码管显示函数声明
void main()
{
    P3 = 0x00 ;
    qiangda = 9 ;                       //默认抢答者编号 9
    shijian = 10 ;                      //倒计时默认 10 s
    while(1)
    {
        display(qiangda,shijian) ;      //显示抢答者编号和倒计时
        delay(1000) ;                   //延时 1 s
        if(shijian > 0)
            shijian = shijian - 1 ;     //倒计时减 1
        else
            shijian = 0 ;               //如果倒计时结束一直显示 0
```

学习笔记

```
    }
}
void delay(int time)
{
    int x,y;
    for(x=time;x>0;x--)
        for(y=110;y>0;y--);
}
void display(unsigned char bh,unsigned char time)
{
    P3_0=1;
    P3_1=0;
    P3_4=0;
    P3_5=0;                    //U2 锁存器直通,U3、U4、U5 锁存
    bh_ge=bh%10;
    bh_shi=bh/10;
    P2=tab[bh_shi];            //显示抢答者编号十位数字
    P3_0=0;
    P3_1=1;
    P3_4=0;
    P3_5=0;                    //U3 锁存器直通,U2、U4、U5 锁存
    P2=tab[bh_ge];             //显示抢答者编号个位数字
    P3_0=0;
    P3_1=0;
    P3_4=1;
    P3_5=0;                    //U6 锁存器直通,U2、U3、U7 锁存
    time_ge=time%10;
    time_shi=time/10;
    P2=tab[time_shi];          //显示倒计时十位数字
    P3_0=0;
    P3_1=0;
    P3_4=0;
    P3_5=1;                    //U7 锁存器直通,U2、U3、U6 锁存
    P2=tab[time_ge];           //显示倒计时个位数字
}
```

3. 软件仿真

根据设计的硬件电路以及程序源代码生成的 hex 文件,可以借助 Proteus 仿真软件进行虚拟仿真,初步验证电路及程序的正确性,以确保该任务在理论上是成功的。

从 Proteus 仿真软件的元件库里选出此次仿真需要用到的元件,见表 2-4。

表 2-4　Proteus 仿真元件对照表

元　器　件	仿真元件
单片机	AT89C51
锁存器	74HC573
七段数码管	7SEG-MPX1-CA

或直接在 Keywords 文本框里按照元器件名称搜索,添加仿真元器件。仿真电路图如图 2-10 所示。

学习笔记

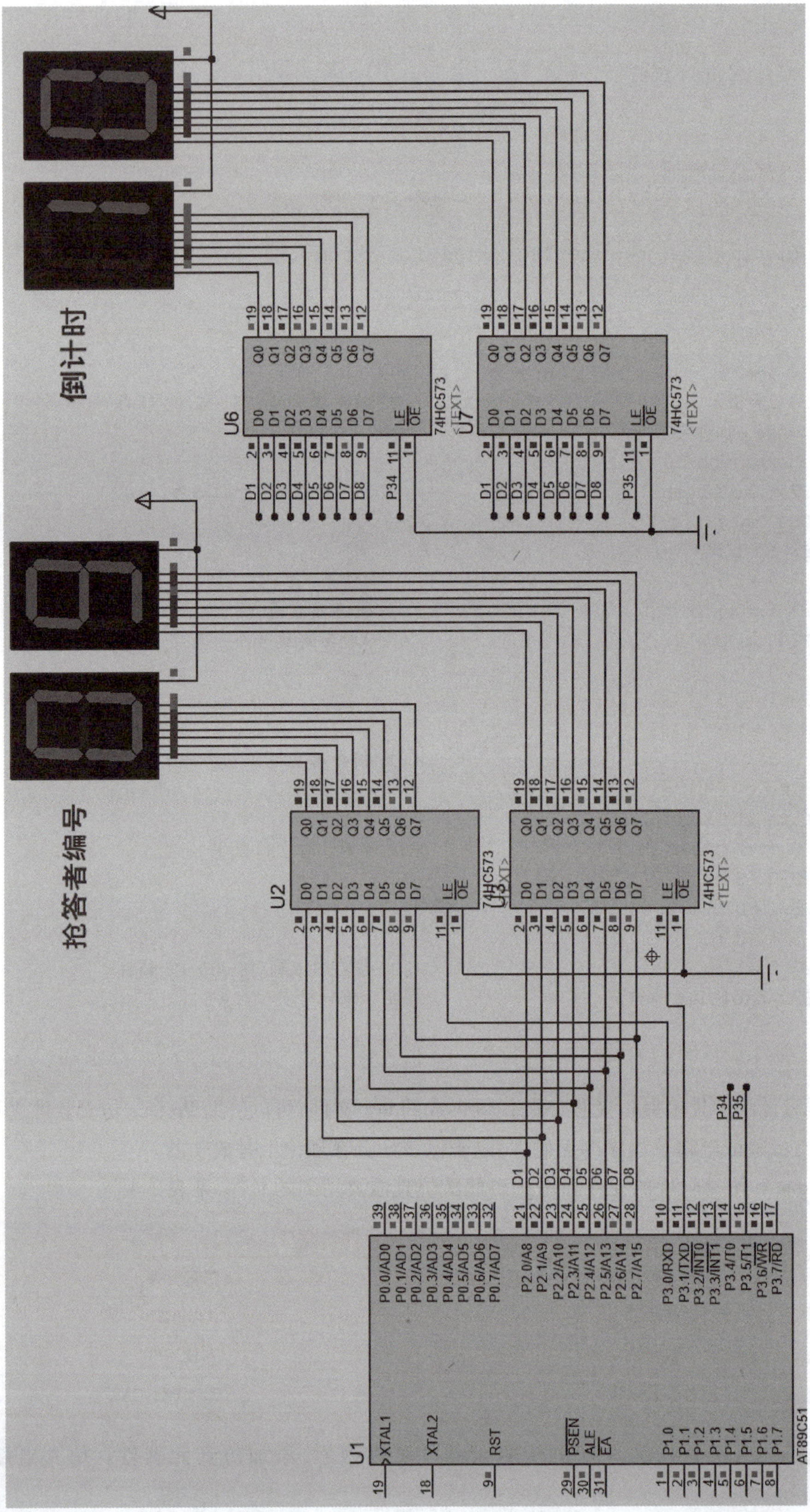

图2-10 Proteus仿真电路图

学习笔记

4. 电路制作与调试

通过 Proteus 仿真后验证后，就可以着手准备实物的制作了。本任务实物制作清单见表 2-5。

表 2-5　实物制作清单

名　称	型　号	封　装	数　量
单片机	STC89C51	双列直插 DIP40	1
IC 底座	40 引脚	双列直插 DIP40	1
晶振	12 MHz	HC-49S	1
电阻	10 kΩ	AXIAL-0.3	1
电容	30 pF	RAD-0.1	2
按键	4 引脚	直插四脚	1
数码管	共阳极 0.56 英寸	直插	4
锁存器	74HC573	双列直插 DIP20	4
恒温烙铁	40 W		1
稳压电源	5 V		1

由于 AT 系列 51 单片机早已经停产，市面上买不到，故实物制作清单中单片机型号选为 STC89C51，与 Proteus 仿真软件中型号（Proteus 仿真软件默认的元件库中只支持 AT89C51 这个单片机的模型）不完全一致，但功能相同，下同。

任务总结

本任务利用单片机控制共阳极数码管实现了数字的显示。本任务的重点是数码管静态显示驱动电路的设计。由于单片机 I/O 口数量及驱动能力有限，所以在实际应用中需要采用驱动芯片，除了本任务采用的 74HC573 之外，还有串行 74HC595 以及数码管专用驱动芯片 TM1640、BC7579 等。难点是数组及函数的灵活应用，通过数组存储数码管字形码可以方便地显示数字。利用函数把显示功能封装起来，可以极大地实现代码的灵活性和可移植性。

任务评价

本任务的评价类别、评价内容及所占分值见表 2-6。

表 2-6　任务评价

评价类别	评价内容	评价指标	分值	自我评价	小组评价	教师评价
专业知识	任务准备	是否理解数码管及显示原理	5			
		是否会定义数组并灵活使用数组	5			
专业技能	任务实施	能够正确设计数码管接口电路	20			
		能够编程实现数字的正确显示	10			
		能够利用 Proteus 仿真软件绘制仿真电路	20			
		能够利用仿真软件调试硬件电路及程序，并能针对出现的问题进行解决	10			
		能够焊接、调试实际电路	5			
		能够撰写任务总结报告	5			

学习笔记

续表

评价类别	评价内容	评价指标	分值	自我评价	小组评价	教师评价
专业素质	核心素养	能否发现问题、分析问题、创新性解决问题	5			
		能否与同学交流协作,是否有团队合作意识	5			
		学习态度是否端正,是否积极参与教学活动	5			
		工作作风是否严谨,是否自觉遵章守纪	5			
总　评			100			

任务拓展

在一些实际的复杂应用中,比如数字时钟或职业院校技能大赛电子产品设计赛项中LED点阵显示,为了缓解单片机I/O口数量紧缺的问题,常常在单片机控制数码管静态显示驱动电路中采用74HC595驱动芯片。74HC595是一个8位串行输入、并行输出的移位缓存器。

任务拓展要求:

利用74HC595串入并出移位缓存器驱动数码管,实现本任务抢答器显示器的功能。

素材

74HC595芯片手册

知识训练

一、填空题

1. 共阳极数码管的a、b、c、d、e、f、g及dp分别接单片机的P1.0、P1.1、P1.2、P1.3、P1.4、P1.5、P1.6、P1.7显示数字“2”,则(P1)=________。

2. 在单片机应用系统中,LED数码管显示电路通常有________显示方式和________显示方式。

3. 共阳极数码管某段点亮时,公共端COM与该段阳极分别接________电平和________电平。

二、选择题

1. 下列对数组赋值的语句正确的是(　　)。

A. a[4]={0,0,0,0}　　B. int a[4]={0*4}

C. static a[4]=0　　D. static a[4];a=0;

2. 在C语言中,一维数组的定义方式为:类型说明符 数组名(　　)。

A. [常量表达式]　　B. [整型表达式]

C. [整型常量]或[整型表达式]　　D. [整型常量]

3. 以下不正确的定义语句是(　　)。

A. double x[5]={2.0,4.0,6.0,8.0,10.0};

B. int y[5]={0,1,3,5,7,9};

C. char c1[ ]={'1','2','3','4','5'};

D. char c2[ ]={'\x10','\xa','\x8'};

学习笔记

任务二　抢答器按键输入功能的设计

✧ 知识目标

- 掌握机械按键特性及消抖原理。
- 掌握矩阵式键盘原理。
- 掌握 C 语言选择结构的语法。

✧ 能力目标

- 能够设计独立按键及矩阵式键盘电路。
- 能够编写按键消抖程序。
- 能够根据实际需求编写矩式阵键盘驱动程序。

✧ 素质目标

- 培养设计思维能力,提高综合设计能力。
- 提高合作探究解决问题的能力。

任务描述

在任务一硬件电路的基础上,设计一个 5 路独立式键盘(或 16 路矩阵式键盘),实现按键的识别检测,具体要求如下:

(1)设置一个抢答控制按键 S,当控制按键 S 按下之后,其他抢答按键方可按下抢答。

(2)设计 4 路抢答按键,当相应按键按下时,数码管显示相应按键编号。

(3)系统上电时,数码管无显示,当控制按键 S 按下之后数码管显示 0,倒计时显示 30 并开始倒计时。

知识链接

键盘在单片机控制系统中起到人机交互的作用,通过键盘可以输入数据、命令和各种参数。键盘分为编码键盘和非编码键盘。键盘上按键的识别由专用的硬件编码器实现。产生键编码号或键值的称为编码键盘,如计算机键盘;而靠软件编程来识别的键盘称为非编码键盘。在单片机组成的各种系统中,用得较多的是非编码键盘。非编码键盘又分为独立式键盘和行列式(又称矩阵式)键盘。

1. 按键检测及消抖

1)按键检测

按键通常是一种机械开关,按下即电路导通,松开即电路断开。常用按键开关如图 2-11 所示。

按键检测电路一般接上拉电阻,电路如图 2-12 所示。

当按键没有按下时,上拉电阻保证输入单片机 I/O 引脚为高电平,而当按键按下后给单片机输入的是低电平。单片机通过监测按键连接的 I/O 引脚的电平输入是高电平(“1”)还是低电平(“0”)来检测按键是否按下。

2)按键消抖

通常的按键为机械弹性开关,当机械触点断开、闭合时,由于机械触点的弹性作用,不会马上稳定地断开或接通,会伴随有一连串的抖动,波形如图 2-13 所示。

学习笔记

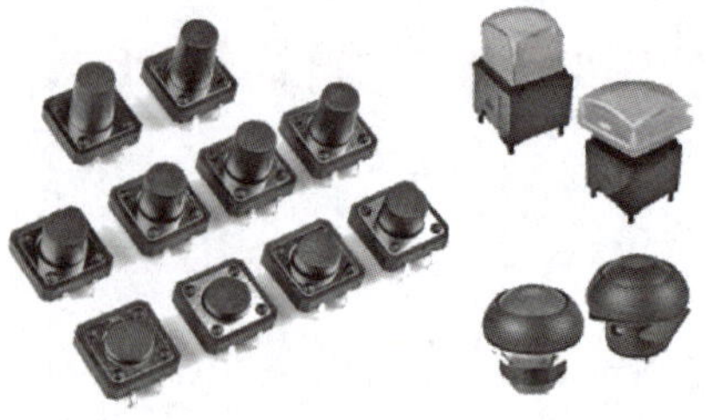

（a）实物图

（b）图形符号

图 2-11　常用按键开关

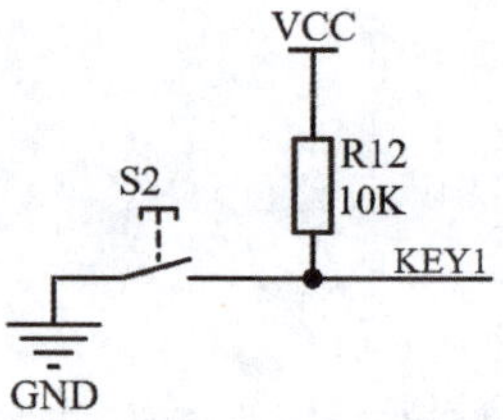

图 2-12　按键检测电路

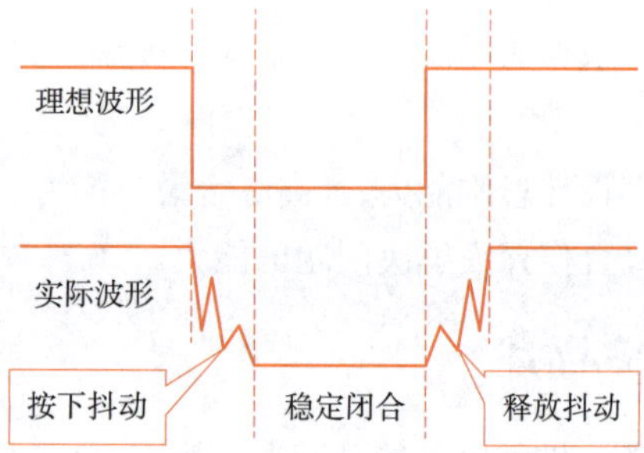

图 2-13　机械按键抖动波形图

素材

按键检测及消抖

抖动时间的长短由按键的机械特性决定，一般为 5 ~ 10 ms。由于单片机机器周期很短，在触点抖动期间会检测多次通断状态，从而导致错误判断。为确保 CPU 对按键的一次闭合仅做一次处理，必须去除按键抖动，为不产生这种现象而做的措施就是按键消抖。单片机系统中常用的消抖有如下两种方法：

（1）硬件消抖。目前硬件消抖有图 2-14 所示的两种常见消抖电路，但是硬件消抖的方法需要增加元器件，提高了产品成本，有时受电路板尺寸大小限制，也不允许使用硬件消抖。因此，在没有特别要求的情况下，一般使用软件消抖的方法。

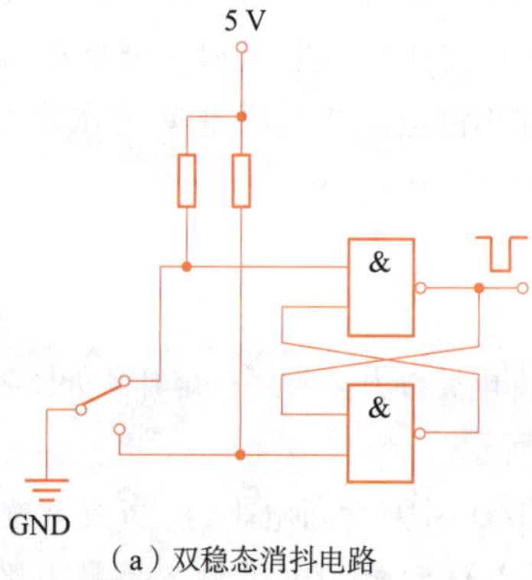

（a）双稳态消抖电路

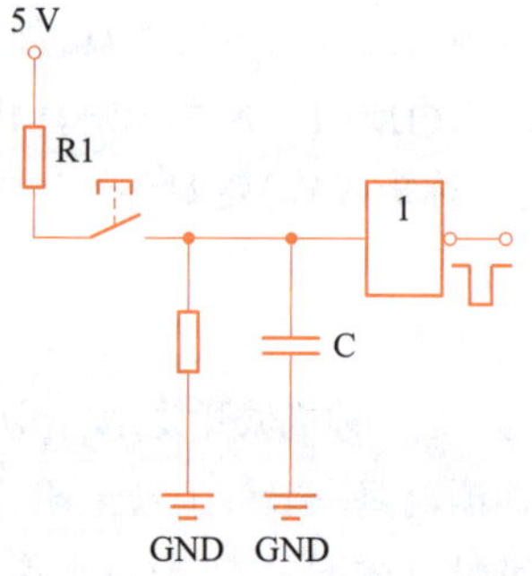

（b）滤波消抖电路

图 2-14　消抖电路

（2）软件消抖。软件消抖一般采用软件延时的方法实现。由于按键的抖动时间一般小于 10 ms，所以在第一次检测到按键按下时，并不立即处理，而是先调用一个 10 ms 左右的延时程序，然后再确认按键是否按下，只有再次检测到按键按下才算一次按键按下操作，从而消除按键抖动的影响。

学习笔记

2. 独立式及矩阵式键盘接口设计

1）独立式键盘

独立式键盘按键相互独立，每个按键占用一根单片机 I/O 口线，每根 I/O 口线上的按键工作状态不会影响其他按键的工作状态，CPU 可直接读取该 I/O 口线的高/低电平状态。其常用接口电路如图 2-15 所示。

视频

独立式键盘接口设计

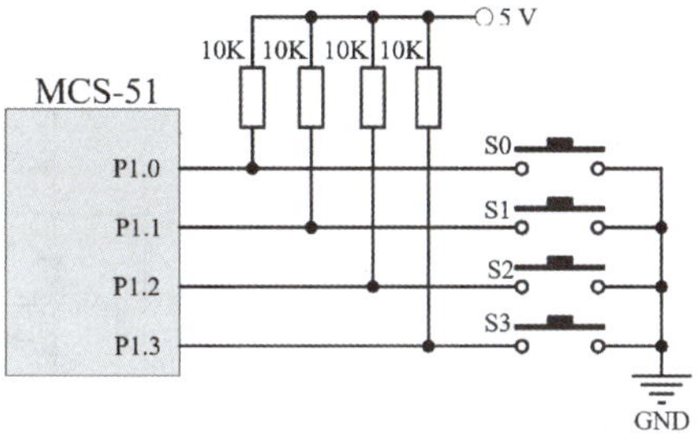

图 2-15　独立式键盘接口电路

当没有键被按下时，所有的数据输入线均为高电平；当任意一个按键被按下时，与之相连的数据输入线将变为低电平。通过判断单片机引脚是否为低电平，可以判断是否有键被按下。这种按键硬件、软件结构简单，判断按键速度快，使用方便，但占用 I/O 口线较多，适用于按键数量较少的系统中。

2）矩阵式键盘

矩阵式键盘又称行列式键盘，其结构如图 2-16 所示。图 2-16 为一个 4×4 矩阵式键盘，用 4 个 I/O 口作为行线，4 个 I/O 口作为列线，在每个行线和列线的交叉点放置一个按键，共有 16 个按键，但占用的 I/O 口线只有 8 根，适合按键较多的场合。

视频

矩阵式键盘接口设计

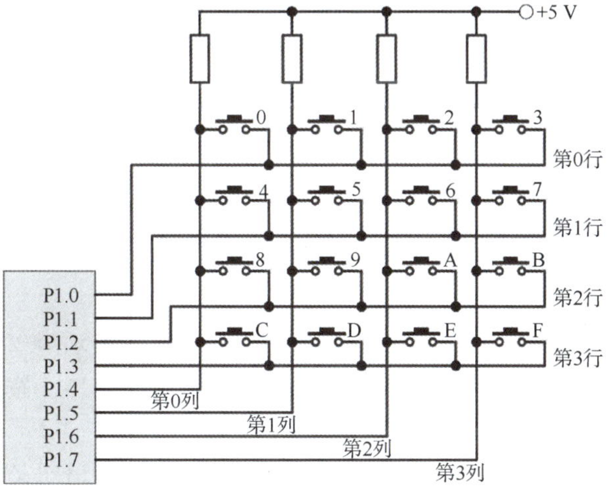

图 2-16　矩阵式键盘接口电路

矩阵式键盘的工作原理为：当某个按键按下时，则对应的行线和列线短路，CPU 通过检测

学习笔记

是否有行线和列线短路就可以确定是否有按键按下，并通过行列扫描法或线反转法确定是哪个按键按下。下面重点介绍线反转法。

线反转法的扫描过程分三步：

第一步，将列线作为输出线，行线为输入线，所有列线输出 0，读行线。如果没有按键按下，P1.0～P1.3 读进来的都是 1，如果此时有一个键按下，则必然使某一行线为 0。以图 2-17(a)为例，如果检测到 P1.2 为 0，则表示第 2 行有按键按下，此时读 I/O 口的值为 0x0b。行线读取值见表 2-7。

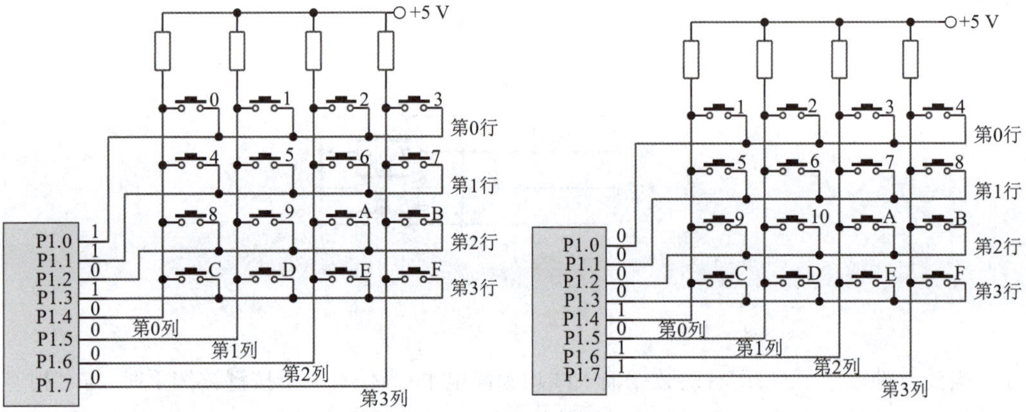

(a)　　　　(b)

图 2-17　线反转法示意图

表 2-7　行线读取值

行　号	0	1	2	3
读取值	0x0e	0x0d	0x0b	0x07

第二步，将行线作为输出线，列线作为输入线，所有行线输出 0，读列线。以图 2-17(b)为例，如果检测到 P1.5 为 0，则第 1 列有按键按下，此时读 I/O 口的值为 0xd0。列线读取值见表 2-8。

表 2-8　列线读取值

列　号	0	1	2	3
读取值	0xe0	0xd0	0xb0	0x70

第三步，将前面两步读回来的行线和列线的有效数据综合起来就可确定具体哪个按键被按下。

假如第一次读取的值为 0x0b，第二次读取的值为 0xd0，则表示第 2 行、第 1 列有按键按下，对应按键“9”。可以利用行号 ×4 + 列号表示按键键值来识别 16 个按键。

3. C 语言选择结构

在进行按键检测的时候，需要用到 C 语言的条件语句。条件语句又称分支语句，由关键字“if”构成，一般有以下三种形式：

1）基本 if 语句

基本 if 语句的格式如下：

学习笔记

```
if(表达式)
{
    语句组;
}
```

if 语句的执行过程：当“表达式”的结果为“真”时，执行其后的“语句组”，否则跳过该语句组，继续执行下面的语句。执行流程图如图 2-18 所示。

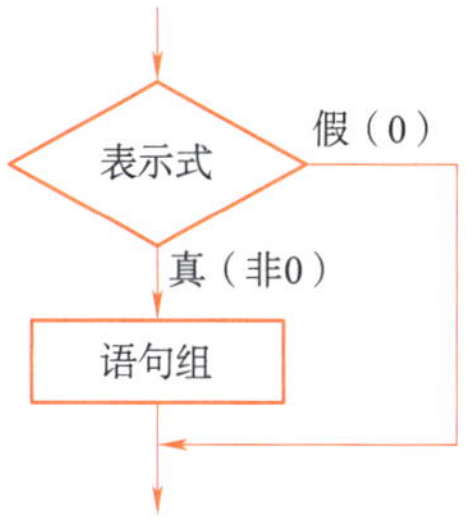

图 2-18　if 语句执行流程图

视频

C语言选择结构——单分支结构

例如：

```
if(key==0)
led=0;                 // 如果 key 等于 0,则给 led 赋值 0
```

小提示：

if 语句中的“表达式”通常为逻辑表达式或关系表达式，也可以是任何其他的表达式或类型数据，只要表达式的值非 0 即为“真”。

逻辑运算符：&& ，||。

关系运算符：>， >=， <， <= ，==，!=。

2）if-else 语句

if-else 语句的一般格式如下：

```
if(表达式)
{
    语句组 1;
}
else
{
    语句组 2;
}
```

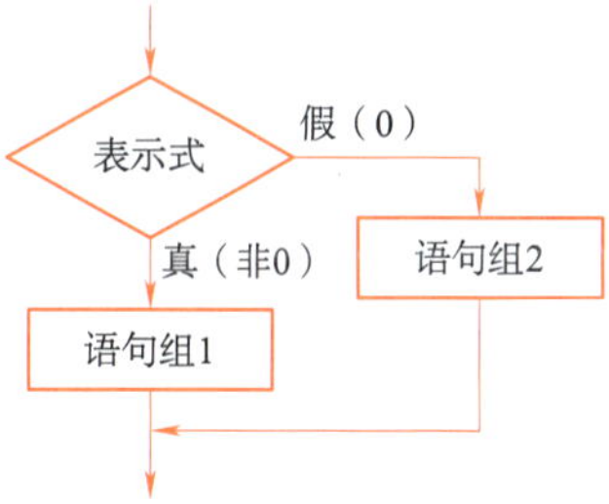

图 2-19　if-else 语句执行流程图

if-else 语句的执行过程：当“表达式”的结果为“真”时，执行其后的“语句组 1”，否则执行“语句组 2”，执行流程图如图 2-19 所示。

例如：

```
if(key==0)
    led1=0;            //如果 key 等于 0,则给 led1 赋值 0
else
    led2=0;            //如果 key 不等于 0,则给 led2 赋值 0
```

视频

C语言选择结构——多分支结构

3）if-else-if 语句

if-else-if 语句是由 if-else 语句组成的嵌套，用于实现多个条件分支的选择，其一般格式如下：

学习笔记

```
if(表达式 1)
{
    语句组 1;
}
else if(表达式 2)
{
    语句组 2;
}
…
else if(表达式 n)
{
    语句组 n;
else
{
    语句组 n+1;
}
}
```

其含义为:若表达式 1 为真,则执行语句组 1;反之,则判断表达式 2,若表达式 2 为真,则执行语句组 2;若表达式 2 为假,则判断表达式 3,依次类推。直到表达式 n 也为假,则直接执行语句组 n+1。这种条件语句常用来实现多方向条件分支,执行流程图如图 2-20 所示。

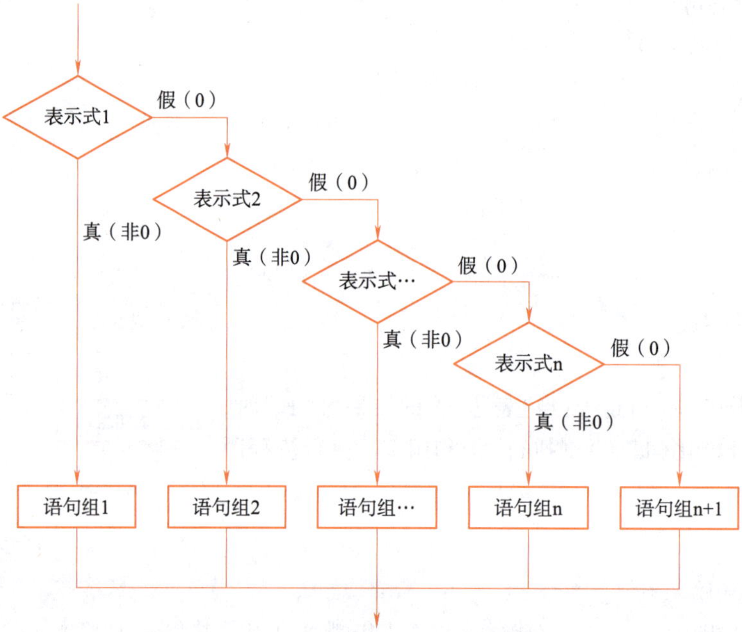

图 2-20　if-else-if 语句执行流程图

小提示:

(1)else 语句是 if 语句的子句,不能单独使用。

(2)else 语句总是跟它上面最近的 if 语句相配对。

学习笔记

4) switch 语句

if 语句通常用作条件分支数目较小的场合，如果条件分支较多，则嵌套也比较多，有些时候使用不够简洁。C 语言提供了一种用于多分支选择的 switch 语句，其一般格式如下：

```
switch(表达式)
{
    case 常量表达式 1:语句组 1;break;
    case 常量表达式 2:语句组 2;break;
       …
    case 常量表达式 n:语句组 n;
    default:语句组 n+1;
}
```

该语句的执行过程是：首先计算“表达式”的值，将 switch 后面表达式的值与 case 后面各个常量表达式的值逐个进行比较，遇到相同的值，就执行后面的语句，然后执行 break 语句，跳出 switch 语句的执行。若没有任何一个相同，则执行 default 后的语句组。

小提示：

(1) 在 case 后的各常量表达式的值不能相同，否则会出现同一个条件有多种执行方案的矛盾。

(2) 在 case 语句后，允许有多个语句，可以不用{ }括起来。例如：

```
case 0:P1_0=1;P1_1=0;break;
```

(3) “case 常量表达式”只相当于一个语句标号，在执行完该标号后面的语句后，不会自动跳出整个 switch 语句，而是继续执行后面的 case 语句。因此，一般要在每一个 case 语句后面加 break 语句，跳出整个 switch 语句的执行。

(4) case 和 default 语句的先后顺序可以改变，不会影响程序的执行结果。

(5) default 语句是在不满足 case 语句情况下的一个默认执行语句。可以没有 default 语句。

任务实施

1. 硬件电路设计

根据任务要求，采用 P1.0 ~ P1.4 控制 5 个独立按键，其中 P1.0 控制抢答控制开关 S，P1.1 ~ P1.4 控制四路抢答按键，显示电路同本项目任务一中图 2-8，按键电路如图 2-21 所示。

在没有任何按键按下的时候，单片机 I/O 口 P1.0 ~ P1.4 引脚由于接上拉电阻，读入的状态为“1”；当有按键按下的时候，由于按键一端接地，相应的 I/O 口读入的状态为“0”，通过检测 P1.0 ~ P1.4 哪个引脚读入的状态为“0”从而判断相应的按键被按下，进而再通过显示电路显示相应的按键编号。

2. 软件程序设计

根据任务要求，可绘制程序流程图如图 2-22 所示。

学习笔记

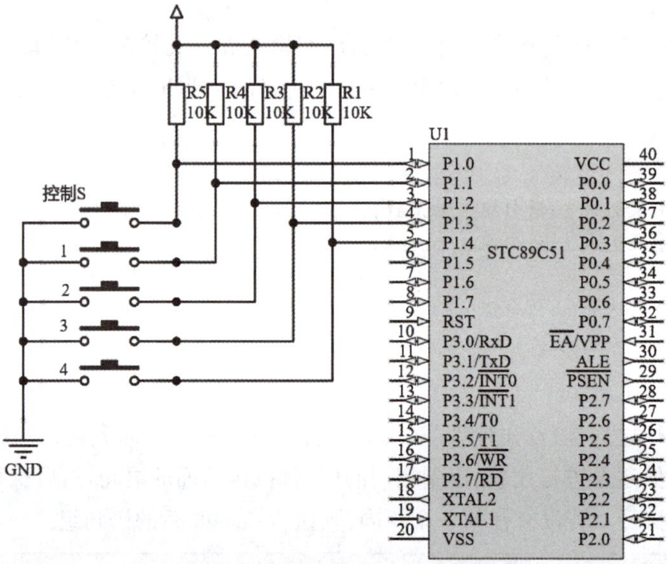

图 2-21　抢答器按键电路设计

关键代码如下：

```
if(P1_0==0)                              //总控制按键是否按下
{
    delay(20);                           //按键消抖
    if(P1_0==0)                          //按键的确被按下
    {
        flag=1;                          //控制标志位置 1
        qiangda=0;
        shijian=30;
    }
}
if(flag==1)
{
    display(qiangda,shijian);            //显示倒计时
    if(P1_1==0)                          //按键 1 是否按下
    {
        delay(20);                       //按键消抖
        if(P1_1==0)                      //按键 1 的确被按下
        {
            qiangda=1;                   //抢答号置 1
            display(qiangda,shijian);    //显示抢答号及倒计时
            flag=0;                      //标志位置 0
        }
    }
    if(P1_2==0)                          //按键 2 是否按下
    {
        delay(20);                       //按键消抖
        if(P1_2==0)                      //按键 2 的确被按下
```

素材

抢答器按键源程序

学习笔记

```
        {
            qiangda =2;                    //抢答号置 2
            display(qiangda,shijian);      //显示抢答号及倒计时
            flag=0;                        //标志位置 0
        }
    }
    …
}
```

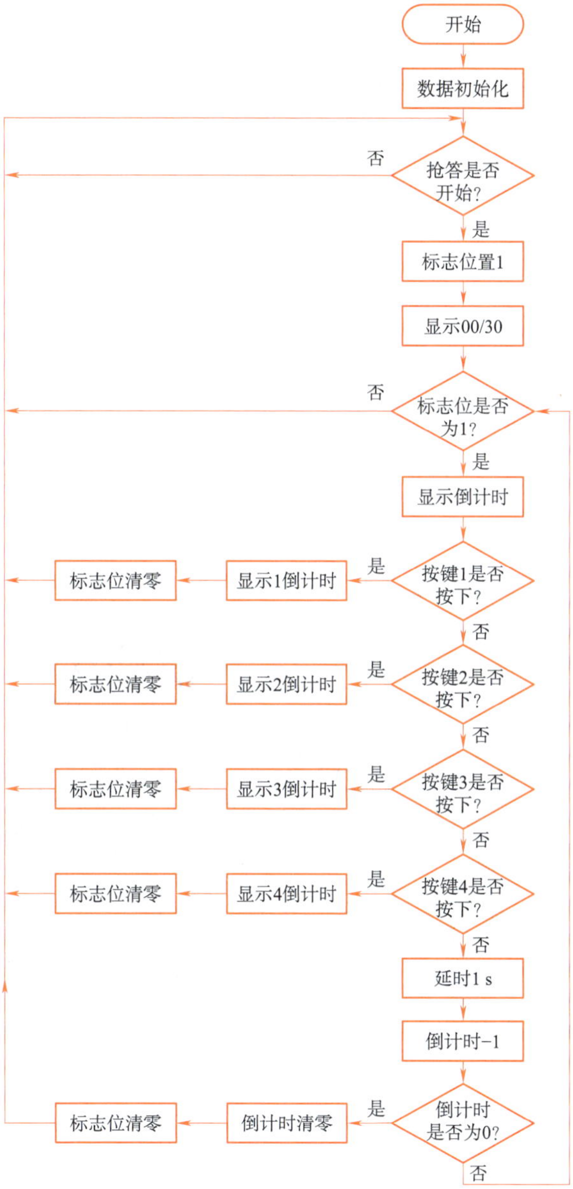

图 2-22　程序流程图

学习笔记

小提示:

为防止选择嵌套过多,有时可以利用标志位作为程序的判断条件,来减少嵌套的深度。本程序利用变量 flag 作为总控制按键的按下标志,根据 flag 的状态决定其他按键按下是否有效。

3. 软件仿真

根据设计的硬件电路以及程序源代码生成的 hex 文件,可以借助 Proteus 仿真软件进行虚拟仿真,初步验证电路及程序的正确性,以确保该任务在理论上是成功的。

从 Proteus 仿真软件的元件库里选出此次仿真需要用到的元件,见表 2-9。

表 2-9 Proteus 仿真元件对照表

元 器 件	仿真元件
单片机	AT89C51
数码管	7SEG-MPX1-CA
锁存器	74HC573
按键	BUTTON
电阻	RES

或直接在 Keywords 文本框里按照元器件名称搜索,添加仿真元器件。仿真电路图如图 2-23 所示。

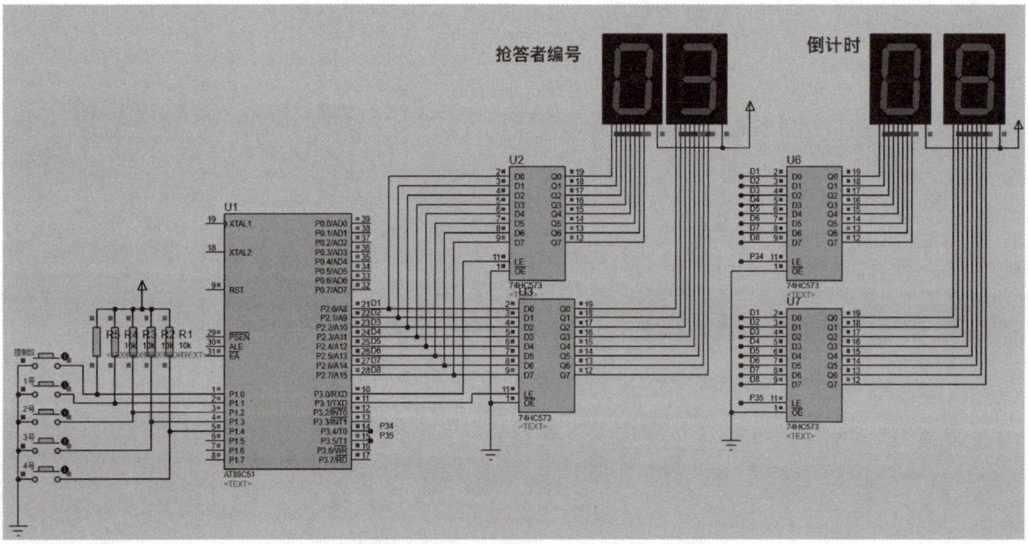

图 2-23 Proteus 仿真电路图

4. 电路制作与调试

通过 Proteus 仿真验证后,就可以着手准备实物的制作了。在本项目任务一的基础上新增实物制作清单见表 2-10。

学习笔记

表 2-10　实物制作清单

名　称	型　号	封　装	数　量
按键	4 引脚		5
电阻	10 kΩ	AXIAL-0.3	5

任务总结

本任务利用单片机 I/O 口实现了按键的检测。本任务的重点是独立式键盘的检测、软件消抖以及矩阵式键盘的检测原理。难点是合理利用选择语句实现独立式键盘及矩阵式键盘的程序设计。

在本任务实现过程中，在进行倒计时时，会影响按键抢答的实时性，将在任务三中解决该问题。

任务评价

本任务的评价类别、评价内容及所占分值见表 2-11。

表 2-11　任务评价

评价类别	评价内容	评价指标	分值	自我评价	小组评价	教师评价
专业知识	任务准备	是否掌握按键的抖动及消抖原理	5			
		是否掌握独立、矩阵式键盘的检测原理	10			
专业技能	任务实施	能够正确设计按键及矩阵式键盘接口电路	20			
		能够编程实现独立按键及矩阵式键盘的驱动程序	10			
		能够利用 Proteus 仿真软件绘制仿真电路	15			
		能够利用仿真软件调试硬件电路及程序，并能针对出现的问题进行解决	10			
		能够焊接、调试实际电路	5			
		能够撰写任务总结报告	5			
专业素质	核心素养	能否发现问题、分析问题、创新性解决问题	5			
		能否与同学交流协作，是否有团队合作意识	5			
		学习态度是否端正，是否积极参与教学活动	5			
		工作作风是否严谨，是否自觉遵章守纪	5			
总　评			100			

任务拓展

当设计多人抢答器时，利用独立式键盘会占用较多的 I/O 资源，在很多实际应用中往往利用矩阵式键盘作为人机交互界面。

任务拓展要求：

设计 16 路矩阵式键盘作为抢答器输入，实现 16 路抢答器的功能。

学习笔记

参考电路如图 2-24 所示。

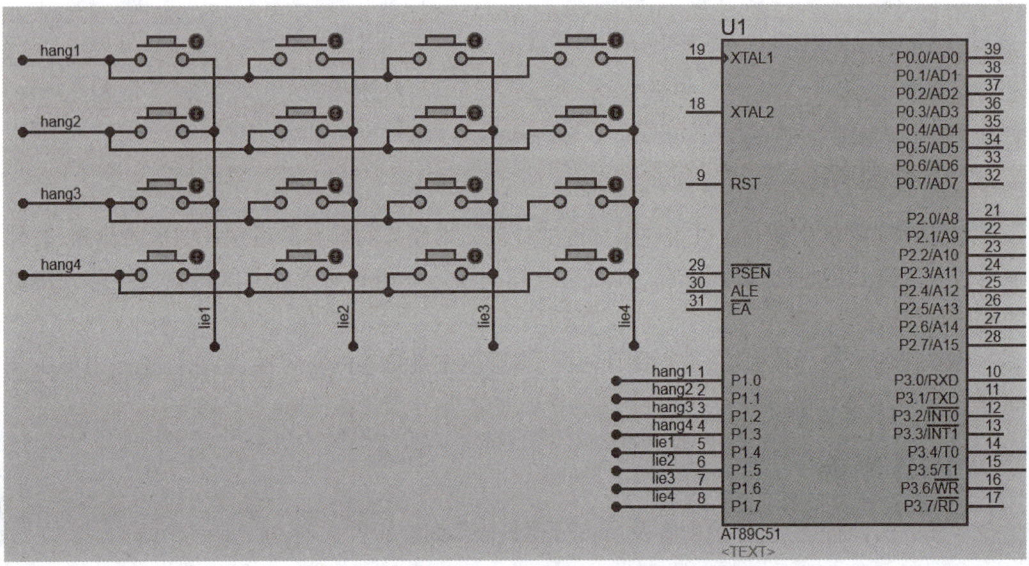

图 2-24　16 路矩阵式键盘

关键代码如下：

```
unsigned char key_scan()
{
    P1 =0x0f;                          //行线置 1,列线置 0,检测行
    if(P1!=0x0f)
    {
        delay(20);
        if(P1!=0x0f)
        {
            switch(P1&0x0f)
            {
                case 0x0e: hang=0;break;   //第 0 行
                case 0x0d: hang=1;break;   //第 1 行
                case 0x0b: hang=2;break;   //第 2 行
                case 0x07: hang=3;break;   //第 3 行
            }
            P1 =0xf0;                  //行线置 0,列线置 1,检测列
            switch(P1&0xf0)
            {
                case 0xe0: lie=0;break;    //第 0 列
                case 0xd0: lie=1;break;    //第 1 列
                case 0xb0: lie=2;break;    //第 2 列
                case 0x70: lie=3;break;    //第 3 列
            }
        }
    }
    return hang* 4+lie+1;
}
```

学习笔记

知识训练

一、填空题

1. 单片机按键系统中，消除抖动的方法有________和硬件消抖。

2. 矩阵式键盘检测方法通常有行列扫描法或________。

二、选择题

1. 在程序中，采用(　　)进行按键的消抖。

A. 空操作　　B. 循环操作

C. 选择判断　　D. 软件延时

2. 在 C 语言 if 语句中，用作判断的表达式为(　　)。

A. 关系表达式　　B. 逻辑表达式

C. 算术表达式　　D. 任意表达式

三、判断题

1. 判断一个弹性按键是否按下，一般需要两次判断，第一次判断后软件延时消抖，然后再次判断按键是否按下，只有两次判断都是按下了，才能说明按键真的按下了。　(　　)

2. 按键按下和释放的检测过程是相同的，不同的是检测条件刚好相反。　(　　)

3. 当 if(表达式)中的表达式为真，执行语句组，这个语句组在任何情况下都必须加花括号。　(　　)

任务三　抢答功能的设计

✧ 知识目标

- 掌握单片机中断系统及外部中断。
- 掌握中断服务函数的定义及应用。

✧ 能力目标

- 能够根据项目需求设计外部中断应用电路。
- 能够根据要求编写中断服务函数。

✧ 素质目标

- 培养人民利益至上意识，增强社会责任感和民族自豪感。
- 培养敢于拼搏、争创一流的意识。
- 培养合理规划时间、提高效率的意识。

任务描述

在本项目任务一、任务二硬件电路的基础上，设计 4 路按键的抢答硬件电路，当任何一个按键按下，触发外部中断，显示抢答者编号，并停止倒计时时间。

学习笔记

视频

单片机中断系统

知识链接

1. 单片机中断系统

1)中断及相关概念

中断是 CPU 执行程序的过程中,在外部或内部发生了紧急事件,要求 CPU 暂停正在处理的任务而去处理紧急事件,待处理完后,再回到原来中断的地方继续执行原程序。其过程如图 2-25 所示。

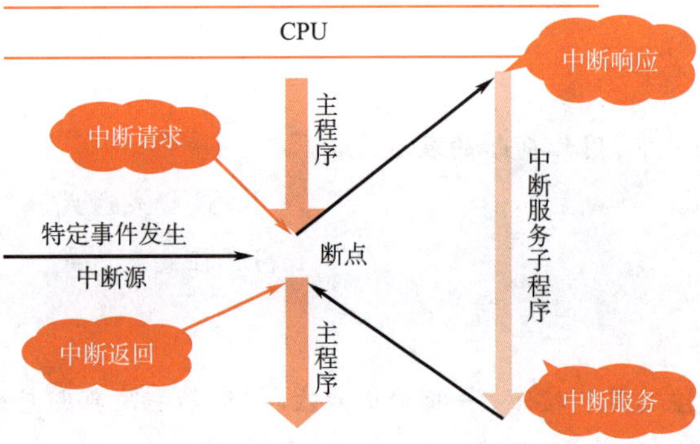

图 2-25　中断及执行过程

从中断的定义中给出几个与中断相关的概念:

(1)断点:程序被断开的位置(地址)称为断点。

(2)中断源:引起中断的原因,或发出中断申请的来源,称为中断源。51 单片机一共提供了 5 个中断源,见表 2-12。

表 2-12　单片机中断源

中　断　源	说　　明
外部中断 0($\overline{INT0}$)	来自 P3.2 引脚的外部中断请求
定时/计数器 0(T0)	定时/计数器 0 的溢出中断请求
外部中断 1($\overline{INT1}$)	来自 P3.3 引脚的外部中断请求
定时/计数器 1(T1)	定时/计数器 1 的溢出中断请求
串行口(Rx/Tx)	串行口完成一帧数据的发送或接收中断请求

(3)中断服务程序:CPU 响应中断后,转去执行相应的处理程序,该程序称为中断服务程序。

中断的优点:

(1)提高 CPU 的工作效率:中断系统可以使 CPU 与外设同时工作,CPU 也可以分时为多个 I/O 设备服务,提高 CPU 的利用率。

(2)实时控制:CPU 能够及时处理应用系统的随机事件或者掉电等突发事件,系统的实时性大大增强。

(3)故障处理:针对难以预料的情况或故障进行及时处理,保障系统可靠性。

学习笔记

视 频

中断的控制

2）中断系统及控制

51 单片机中断系统可以编程控制 5 个中断源的中断允许与关闭，以及响应等，其结构框图如图 2-26 所示。

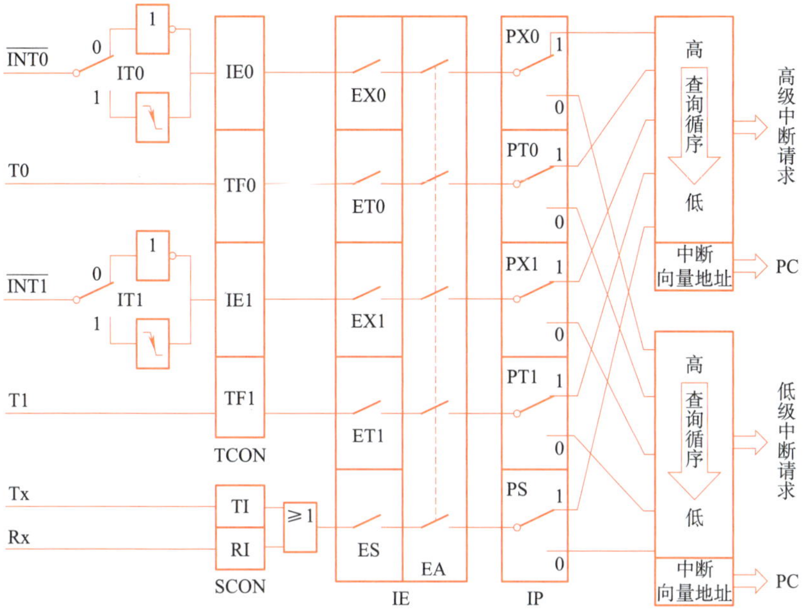

图 2-26　中断系统结构框图

由中断系统结构框图可以看出与中断相关的特殊功能寄存器有 4 个，这里重点介绍 IE、IP、TCON。

（1）中断允许寄存器 IE。51 单片机的 5 个中断源都是可屏蔽中断，中断系统通过 IE 特殊功能寄存器控制 5 个中断源的允许与屏蔽。IE 寄存器各控制位定义如图 2-27 所示。

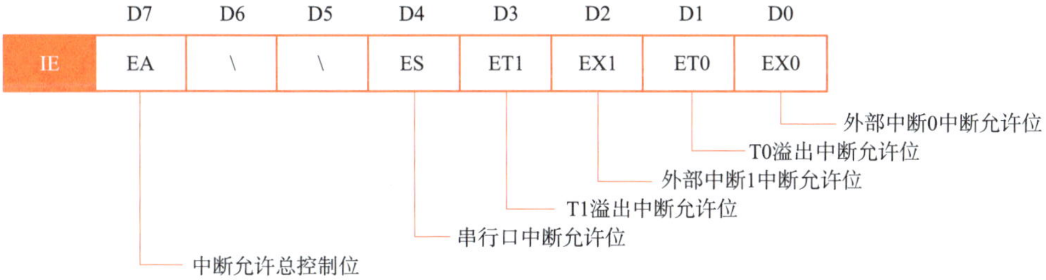

图 2-27　IE 寄存器各控制位定义

EA：EA =1，允许所有中断；EA =0，屏蔽所有中断。

ES：ES =1，允许串行口中断；ES =0，屏蔽串行口中断。

ET1：ET1 =1，允许定时/计数器 1 中断；ET1 =0，屏蔽定时/计数器 1 中断。

EX1：EX1 =1，允许外部中断 1 中断；EX1 =0，屏蔽外部中断 1 中断。

ET0：ET0 =1，允许定时/计数器 0 中断；ET0 =0，屏蔽定时/计数器 0 中断。

EX0：EX0 =1，允许外部中断 0 中断；EX0 =0，屏蔽外部中断 0 中断。

学习笔记

(2)中断优先级寄存器 IP。8051 单片机有两个中断优先级。每个中断源都可以通过编程确定为高优先级中断或低优先级中断,可实现二级嵌套。IP 寄存器各控制位定义如图 2-28 所示。

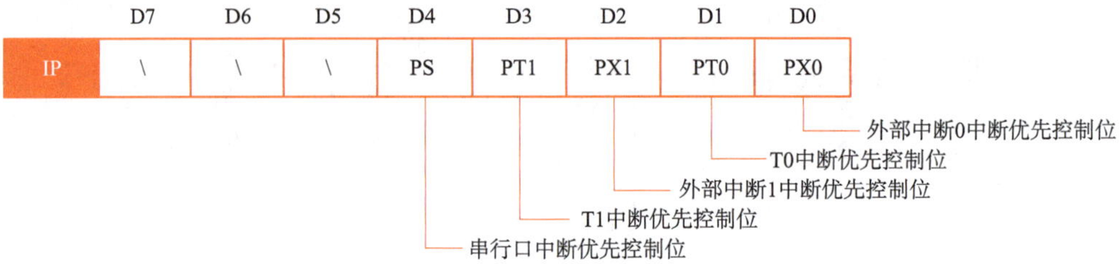

图 2-28　IP 寄存器各控制位定义

PS:PS = 1,设置串行口为高优先级中断;PS = 0,设置串行口为低优先级中断。

PT1:PT1 = 1,设置定时/计数器 1 中断为高优先级中断;PT1 = 0,设置定时/计数器 1 中断为低优先级中断。

PX1:PX1 = 1,设置外部中断 1 为高优先级中断;PX1 = 0,设置外部中断 1 为低优先级中断。

PT0:PT0 = 1,设置定时/计数器 0 中断为高优先级中断;PT0 = 0,设置定时/计数器 0 中断为低优先级中断。

PX0:PX0 = 1,设置外部中断 0 为高优先级中断;PX0 = 0,设置外部中断 0 为低优先级中断。

(3)定时器控制寄存器 TCON。TCON 高 4 位用来控制定时器启停及标志定时器溢出的状态。低 4 位用于对外部中断的控制。这里重点介绍对外部中断起作用的 4 个控制位,如图 2-29 所示。

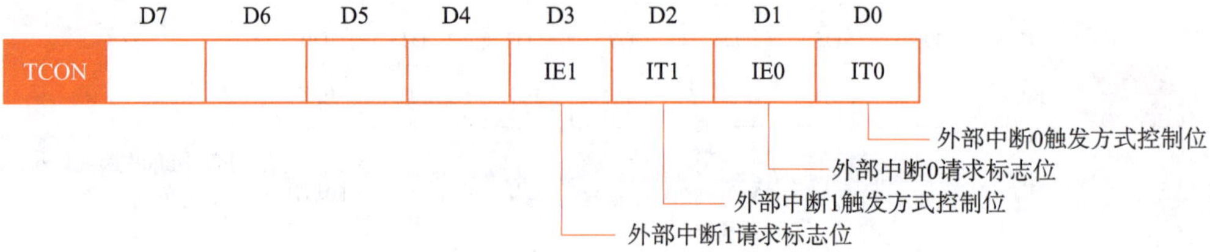

图 2-29　TCON 寄存器各控制位定义

IT0:当 IT0 = 1 时,下降沿(负跳变)触发方式,即当外部引脚$\overline{\text{INT0}}$上产生从高电平向低电平的下降沿跳变时会引发中断请求。

当 IT0 = 0 时,低电平触发方式,即当外部引脚$\overline{\text{INT0}}$上持续为低电平时会引发中断请求。

IE0:外部中断 0 请求标志位。当外部引脚$\overline{\text{INT0}}$上出现中断请求信号(低电平或下降沿),IE0 则自动置 1,标志着产生了外部中断 0 请求。待系统响应该中断即进入中断服务程序后,由硬件自动清 0。

IT1 和 IE1 含义和作用与 IT0 和 IE0 相同,对应的是外部中断 1,读者可自行对照理解。

学习笔记

当单片机 CPU 被复位后，IE、IP、TCON 等寄存器内容都默认为 0，所有中断源设置为低优先级，而且都被禁止响应。此时系统不能响应任何中断请求。如果系统使用某些中断源，必须在程序开始的部分对这些寄存器进行初始化设置（重新赋值），才能实现对中断源的控制。

3）中断处理过程

中断处理过程包括：中断请求→中断响应→中断服务→中断返回。

视频　中断的响应

（1）中断请求。当某个中断源要求 CPU 服务时，必须发出中断请求信号。例如两个外部中断源，需要将中断请求信号以高、低电平的变化加到该中断源的外部引脚上，通常情况下外部引脚为高电平，当中断发生时变为低电平，从而向 CPU 发送中断请求。

（2）中断响应。有了中断请求，CPU 也不一定会响应该中断。要响应中断，还必须满足以下条件：

①该中断已“开中断”，即在编程时对中断允许寄存器 IE 进行了相应设置。

②此时 CPU 没有响应同级或更高级中断。

③当前正处在所执行指令的最后一个机器周期。

④正在执行的指令不是 RETI 或是访问 IE、IP 的指令。

满足上述条件，CPU 就会响应该中断，即转去执行相应的中断服务程序。实际上在此之前，CPU 还要自动执行以下四项操作：

①保护断点地址，将断点地址压入堆栈。

②撤销该中断源的中断请求标志（串行口除外）。

③关闭同级中断。

④将该中断源的入口地址（即中断服务程序段的首地址）送入 PC。

执行以上四项操作后就进入执行中断服务程序。

（3）中断服务：

①保护现场：将在中断服务程序中可能涉及的内容保护起来（这些内容是返回到主程序后不希望被改变的内容），如果没有，则可跳过。

②中断服务程序主体：在中断服务函数中执行的程序段。

③恢复现场：与保护现场相对应，即恢复相应的内容。

（4）中断返回。中断服务内容完成，现场恢复，回到原来被打断的地方继续运行。这个过程 C51 编译器自动完成。

2. 中断服务函数

单片机中断响应的过程就是自动调用并执行中断服务函数的过程。C51 编译器支持在 C 源程序中直接以函数的形式编写中断服务程序。中断函数定义语法如下：

```
void 函数名()  interrupt  中断号 [using  寄存器组号]
{
    //函数体
}
```

interrupt 和 using 是 C51 的关键字，interrupt 表示该函数是一个中断服务函数，51 单片机提供的 5 个中断源对应的中断号及入口地址见表 2-13。

寄存器组号取值为 0～3，对应片内 RAM 低 128 字节中的工作寄存器区中的 4 个分区。

学习笔记

不同的中断函数使用不同的寄存器组,可以避免中断嵌套调用时的资源冲突。由于 C51 编译器会自动分配,因此 using 寄存器组号可忽略不写。

表 2-13　单片机中断号及入口地址

中　断　源	中　断　号	入口地址
外部中断 0	0	0003H
定时/计数器 0	1	000BH
外部中断 1	2	0013H
定时/计数器 1	3	001BH
串行口	4	0023H

中断服务程序的调用依靠的是中断申请编号,由系统自动调用,普通函数的调用需要使用函数名,通过代码指明才能调用。例如:

```
void int0 () interrupt 0
{
}
```

该函数是为外部中断 0 写的中断服务函数,当中断源外部中断 0 响应条件满足时,函数自动就会被调用。

中断服务函数是一种函数,但与普通函数有所不同,在编写及使用时应注意以下几点:

(1)中断服务程序的返回值类型必须为 void,即中断服务程序不能有任何返回值。

(2)不能进行参数传递。如果中断过程包括任何参数声明,编译器将产生一个错误信息。可通过全局变量的方式与其他函数进行值传递。

(3)在任何情况下,不能直接调用中断函数,否则编译器会产生错误。

任务实施

1. 硬件电路设计

素材

74LS30芯片手册

素材

74LS04芯片手册

为实现单片机能够第一时间响应抢答按键的请求,应将 4 路抢答按键与外部中断 0(P3.2)引脚连接。为方便后续抢答器扩展,采用 74LS30 与非门和 74LS04 非门电路实现 4 路按键抢答电路设计,设计电路如图 2-30 所示。

在任务二 4 路独立按键的基础上,4 路按键分别与 8 输入与非门 74LS30 的 1 ~ 4 引脚相连,5 ~ 8 引脚接高电平,便于后续抢答器扩展。由于外部中断能够检测下降沿电平触发,因此需要对与非门的输出再取反,所以 74LS30 的输出接反相器 74LS04,再与单片机的外部中断引脚相连。抢答电路的工作原理为:当任何一个按键按下,按键产生的下降沿经过与非门及非门电路,把下降沿脉冲送入外部中断 0 引脚,从而引发单片机产生中断,调用中断服务函数处理按键抢答事件。

2. 软件程序设计

根据抢答器的功能要求,当没有按键按下时,启动倒计时;当有按键按下时触发中断显示抢答者编号,由此可以画出抢答器的程序流程图如图 2-31 所示。

学习笔记

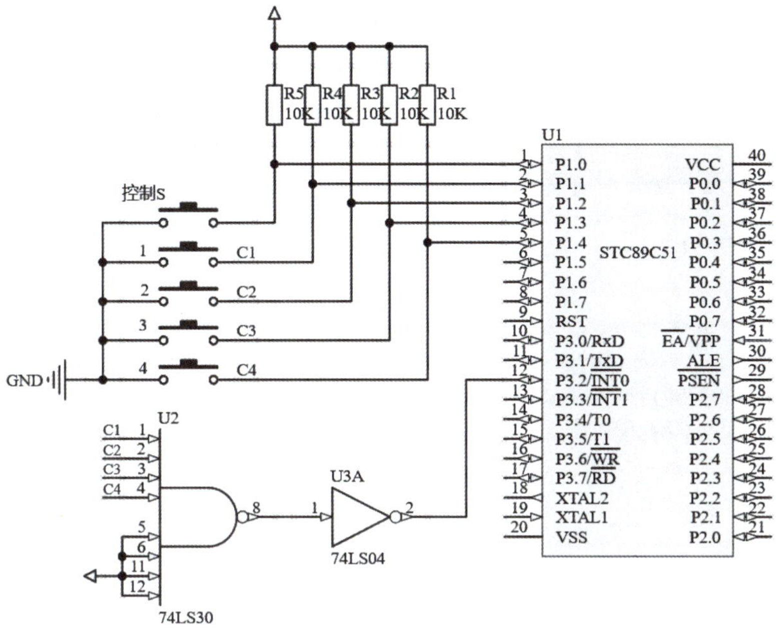

图 2-30　四路按键抢答电路设计

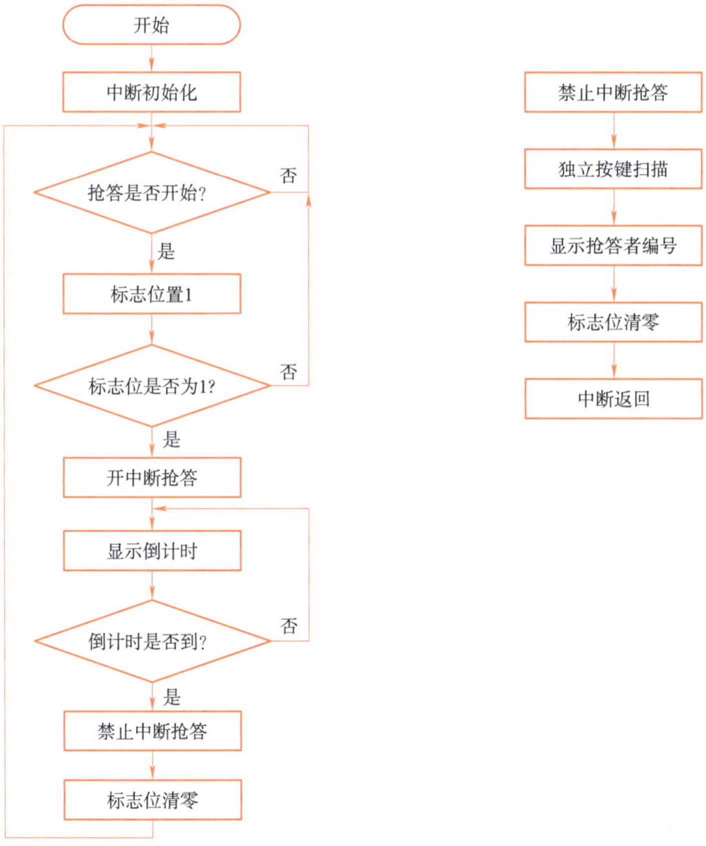

图 2-31　抢答器的程序流程图

学习笔记

素材

抢答器抢答功能源程序

程序流程图分为主程序和中断服务程序两部分,详细代码可通过扫描二维码查看。主程序部分重要代码注释如下所示:

```
EA = 1;                              //开总中断
EX0 = 0;                             //关闭外部中断 0 中断源
IT0 = 1;                             //外部中断 0 下降沿触发
display(0);                          //默认显示 0 号抢答
displaytime(0);
while(1)
{
    if(P3_6 == 0)                    //抢答是否开始
    {
        delay(50);
        if(0 == P3_6)
        {
            flag = 1;                //标志位置 1
            temp = 10;               //倒计时时间
        }
    }
    if(flag == 1)
    {
        EX0 = 1;                     //允许外部中断 0 中断
        displaytime(temp);           //显示倒计时
        display(0);
        delay(1000);
        temp = temp - 1;             //倒计时减 1
        if(temp <= 0)                //倒计时到,没有抢答时
        {
            temp = 0;
            EX0 = 0;                 //超时禁止抢答
            flag = 0;                //标志位清零
            P3_0 = 0;
            P3_1 = 0;
            P3_4 = 1;
            P3_5 = 0;
            P2 = 0xbf;
            P3_4 = 0;
            P3_5 = 1;
            P2 = 0xbf;               //超时没有抢答时,显示 --
        }
    }
}
```

当有按键按下时,此时外部中断 0 服务函数被系统调用,程序代码如下所示:

```
void wbzd() interrupt 0
{
    EX0 = 0;                         //禁止外部中断 0 中断
    if(0 == P1_0)                    //判断是否是 1 号抢答并显示
    {
        delay(50);
        if(0 == P1_0)
            display(1);
    }
```

学习笔记

```
        if(0 == P1_1)              //判断是否是2号抢答并显示
        {
            delay(50);
        if(0 == P1_1)
            display(2);
    }
    if(0 == P1_2)                  //判断是否是3号抢答并显示
    {
        delay(50);
        if(0 == P1_2)
            display(3);
    }
    if(0 == P1_3)                  //判断是否是4号抢答并显示
    {
        delay(50);
        if(0 == P1_3)
            display(4);
    }
    flag = 0;                      //标志位清0
}
```

3. 软件仿真

本任务的仿真只需要在任务二的基础上增加74LS30与非门以及74LS04非门即可，新增元器件见表2-14。

表2-14　Proteus仿真元件对照表

元　器　件	仿真元件
与非门	74LS30
非门	74LS04

或直接在Keywords文本框里按照元器件名称搜索，添加仿真元器件。仿真电路图如图2-32所示。

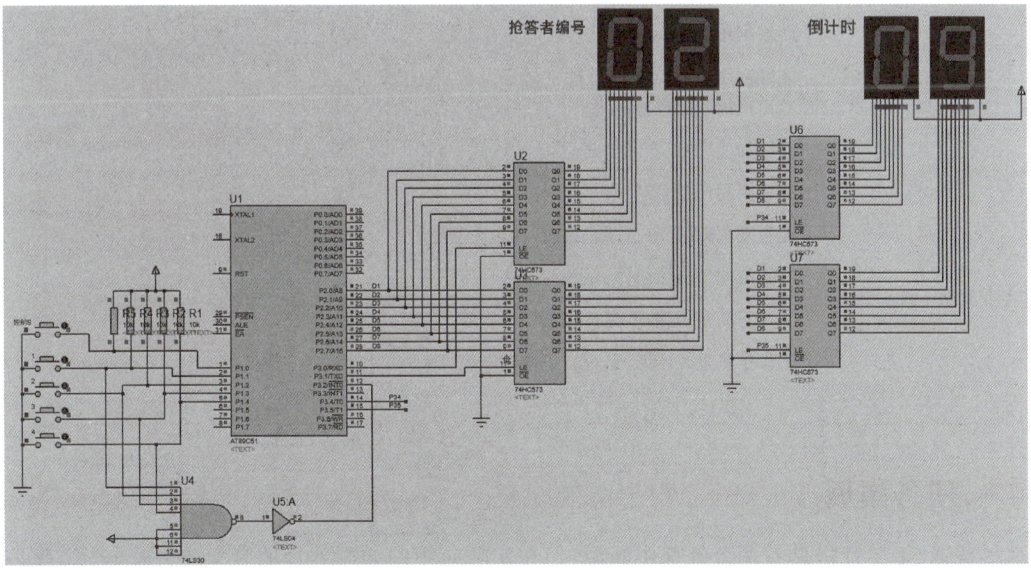

图2-32　Proteus仿真电路图

学习笔记

4. 电路制作与调试

通过 Proteus 仿真验证后，就可以着手准备实物的制作了。本任务在任务二的基础上新增实物制作清单见表 2-15。

表 2-15　实物制作清单表

名　称	型　号	封　装	数　量
与非门	74LS30	双列直插 DIP14	1
非门	74LS04	双列直插 DIP14	1

任务总结

本任务利用单片机外部中断实现了抢答器的抢答功能。本任务的重点是外部中断电路的设计、中断系统及中断服务函数的编写。在电路设计时，应考虑外部中断引脚$\overline{\text{INT0}}$和$\overline{\text{INT1}}$的触发方式。

难点是中断服务函数的运行机制。中断服务函数是系统自动调用的，在写程序时要规划好哪些功能是在主函数实现，哪些功能需要在中断服务函数中完成。

任务评价

本任务的评价类别、评价内容及所占分值见表 2-16。

表 2-16　任务评价

评价类别	评价内容	评价指标	分值	自我评价	小组评价	教师评价
专业知识	任务准备	是否理解中断及中断处理过程	5			
		是否掌握中断服务函数编写	5			
专业技能	任务实施	能够正确设计外部中断信号检测接口电路	20			
		能够编写中断服务函数实现抢答功能	10			
		能够利用 Proteus 仿真软件绘制仿真电路	20			
		能够利用仿真软件调试硬件电路及程序，并能针对出现的问题进行解决	10			
		能够焊接、调试实际电路	5			
		能够撰写任务总结报告	5			
专业素质	核心素养	能否发现问题、分析问题、创新性解决问题	5			
		能否与同学交流协作，是否有团队合作意识	5			
		学习态度是否端正，是否积极参与教学活动	5			
		工作作风是否严谨，是否自觉遵章守纪	5			
总　评			100			

任务拓展

普通 51 单片机具有两个外部中断源，但在实际应用中如需处理的紧急事件比较多，就必须对外部中断源进行扩展。常用的方法就是采用中断和查询相结合的方式，即将多个外部请求信号通过与门或与非门接入单片机的外部中断引脚，同时将外部中断请求信号接入单片机普通 I/O 引脚，当外部中断引脚有中断请求时，再通过查询 I/O 口的状态判断是哪一个外部请求信号。本任务便是采用该方法来实现外部中断扩展。如果实际应用中对多个外部中断请求信号的实时性要求较高，则应该将每个外部中断请求信号分别接单片机外部中断引脚，普通 51 单片机则不能满足要求，这时就需要采用例如 STM32 等更高级的单片机。

任务拓展要求：在本任务的基础上，实现 8 路抢答器的功能。

学习笔记
素材
STM32中文参考手册

知识训练

一、填空题

1. 中断处理的全过程分为以下四段：________、________、________、________。

2. AT89C51 单片机有________个中断源，可分为________个优先级，上电复位时________中断源的优先级别最高。

3. 中断源的允许是由________寄存器决定的，中断源的优先级别是由________寄存器决定的。

4. 假如要对外部中断 1 开中断（不考虑 EA 状态），在 C51 中的语句为________。

5. AT89C51 单片机的外部中断请求信号若设定为低电平方式，只有在中断请求引脚上采集到________信号时，才能使外部中断有效。而在负跳变方式时，只有在中断请求引脚上采集到________信号时，才能使外部中断有效。

二、选择题

1. （　　）引脚可以作为外部中断请求输入线。

A. P3.0　　B. P3.2　　C. P3.5　　D. P3.4

2. 计算机使用中断的方式与外界交换信息时，保护现场的工作应该是（　　）。

A. 由 CPU 自动完成　　B. 在中断响应中完成

C. 由中断服务程序完成　　D. 在主程序中完成

3. 若 AT89C51 单片机的中断源都编程为同级，当它们同时申请中断时，CPU 首先响应（　　）。

A. $\overline{\mathrm{INT1}}$　　B. $\overline{\mathrm{INT0}}$　　C. T1　　D. T0

4. 关于中断服务函数，以下说法不正确的是（　　）。

A. 无形式参数　　B. 不可以指定工作寄存器组

C. 无返回值　　D. 不可以直接调用

5. 对于 8051 单片机，中断函数定义时，中断类型号的取值范围是（　　）。

A. 0 ~ 1　　B. 0 ~ 256　　C. 0 ~ 31　　D. 0 ~ 4

项目三 心率测量仪的设计

学习笔记

项目综述

心率作为评估心血管健康的关键指标，其准确监测对于预防疾病、提升民众生活质量具有重要意义。心率测量仪的设计项目在此背景下应运而生，它不仅是科技进步助力健康管理的生动实践，更是"以人为本，健康至上"理念的具体体现。通过本项目的实施，将重点探究单片机内部核心资源定时/计数器的应用以及外围数码管电路、信号采集电路和 A/D 转换电路的设计。项目任务要求及技术指标：

- 设计制作一个 8 位数字显示的心率测量仪，分别显示 XXYYY-ZZ，其中，XX 是固定显示（Hr），代表心率；YYY 是本次测量的心率值，ZZ 是本次测量所用的时间。
- 设置一个定时/计数器，需要实现 1 min 的精准计时功能及计数功能。设置一个开始检测开关 S1，检测者按下 S1 之后，心率测量仪开始计时并计数，且实现计时和计数的动态显示。

要完成该项目整个系统的设计，可以分为单片机最小系统电路（包括时钟电路、电源和复位电路）、数码管显示电路和脉冲电路三个任务来实现。项目整体设计框图如图 3-1 所示。

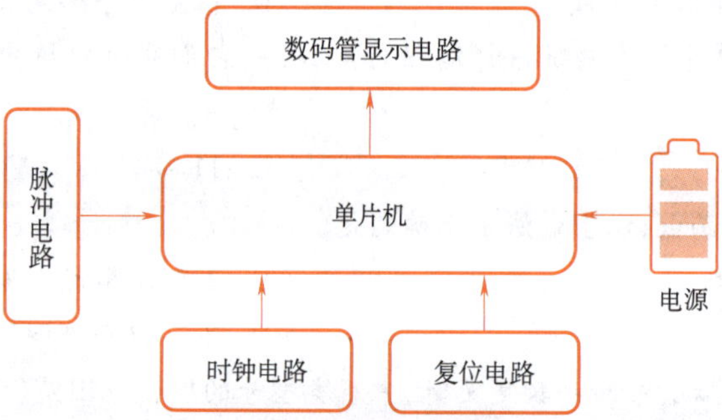

图 3-1　项目整体设计框图

项目导读

学习重点	（1）单片机定时/计数器工作原理。 （2）数码管动态显示原理。 （3）数码管动态显示电路设计

学习笔记

学习难点	(1)定时/计数器的原理及 SFR 设置。 (2)数码管动态显示电路设计
学习方法	动态显示环节采用与静态显示对比分析的方法进行学习。整个项目的进行按照总分结构,将项目拆解成 *N* 个子任务,从子任务入手,边做边学,仿真与实操结合
建议学时	12 学时

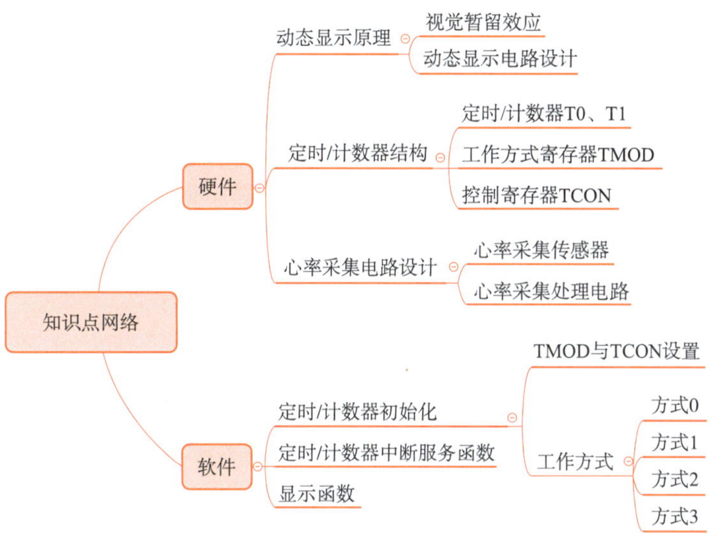

任务一　心率测量仪显示功能的设计

✧ 知识目标

- 掌握数码管动态显示工作原理。
- 掌握动态显示电路设计。

✧ 能力目标

- 能够根据项目需求设计单片机与数码管接口驱动电路。
- 能够根据要求编写数码管显示函数。

✧ 素质目标

- 培养自主设计能力,锻炼独立思维与创新思维。
- 培养严谨的职业态度,学会透过现象认知本质。
- 培养科技报国情怀和自主创新精神。

任务描述

为了提高脉诊的精度和客观性,拟设计一种能够准确测量和分析脉搏的仪器,即心率测量仪。市面上常用的心率测量仪外观图如图 3-2 所示。

学习笔记

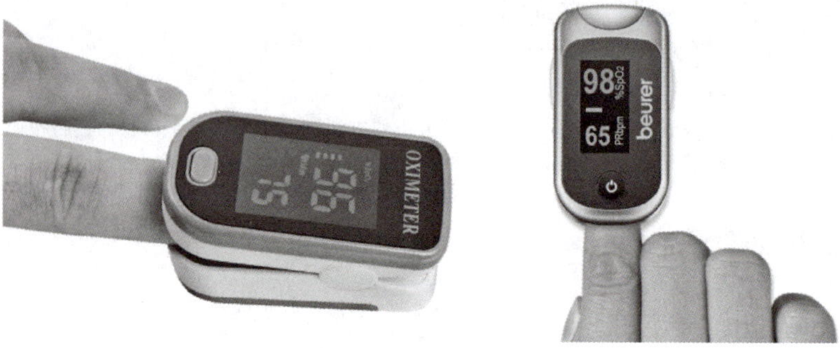

图 3-2　心率测量仪外观图

本任务在单片机最小系统的基础上，设计心率测量仪的显示模块，由于心率采集模块和定时模块还未设计，本任务只需完成 8 位数码管的动态显示即可。以显示"12345678"为例进行任务实施。

知识链接

1. 数码管动态显示

在单片机应用系统设计中，往往需要采用各种显示器件来显示控制信息和处理结果。当显示位数较少时，一般采用数码管静态显示，数码管的显示原理和静态显示设计在上一个项目中已经实现了，在此不再赘述。当采用数码管显示，且位数较多时，一般采用数码管动态显示控制方式。想要掌握动态显示的原理，首先要理解视觉暂留效应。

1）视觉暂留效应

视频
数码管动态显示

视觉暂留效应，也称为"余辉效应"，是一种生理现象，描述了当光信号传入大脑神经后，视觉形象并不立即消失的现象。如图 3-3 所示，当小鸟的图片出现时，小鸟的影像会在人的视网膜上成像，小鸟图片消失后，小鸟的影像会在大脑中停留一段时间，在此期间，鸟笼图片出现，鸟笼在人脑中成像，与人脑中残留的小鸟影像重叠，于是产生小鸟进入鸟笼的错觉。这种现象是由于视神经的反应速度造成的。当光线刺激结束时，视觉影像仍会在大脑中保留一段时间，通常为 0.1 ~0.4 s。

图 3-3　视觉暂留效应示例

视觉暂留效应的具体应用包括电影的拍摄和放映，它是动画、电影等视觉媒体形成和传播的基础。在电影产业中，视觉暂留效应得到了充分的利用。每一帧的电影画面实际上是静止的，但当这些画面以每秒数十帧的速度连续播放时，由于视觉暂留的作用，我们的大脑会将

学习笔记

这些静态的画面串联起来，形成连贯的动态影像，从而让我们看到栩栩如生的电影画面。此外，在广告、动画和虚拟现实等领域，设计师也巧妙地运用了视觉暂留效应，创造出令人印象深刻的视觉效果，吸引观众的注意力。

2）数码管动态显示工作原理

依次轮流点亮各个数码管，控制点亮的速度，利用人眼的视觉暂留效应，让人感觉数码管是同时显示的，这种方式就是动态显示原理。动态显示的两个要素是“依次轮流点亮”和“利用人眼的视觉暂留效应”，在后续的电路设计中，要以这两个要素为参考。

数码管动态显示电路通常是将所有数码管的 8 个显示段分别并联起来，仅用一组并行 I/O 端口控制，称为“段选端”。各位数码管的公共端，称为“位选端”，由另一个 I/O 端口控制。动态显示是指按位轮流点亮各位数码管，即在某一时段，只让其中一位数码管的“位选端”有效，并送出相应的字形显示编码。此时，其他位的数码管因“位选端”无效而处于熄灭状态；下一时段按顺序选通另外一位数码管，并送出相应的字形显示编码，按此规律循环下去，即可使各位数码管分别间断地显示出相应的字符。这一过程称为动态扫描显示。

2. 数码管动态显示电路设计

了解了数码管动态显示的原理后，需要根据动态显示原理设计硬件电路。

51 单片机驱动 8 个数码管的电路设计主要涉及两个关键的概念：段选和位选。在这个设计中，P1 口连接数码管的段选端，用于控制数码管各段的亮灭；而 P0 口连接数码管的位选端，用于选择哪个数码管被点亮。4 位数码管动态显示示意图如图 3-4 所示。

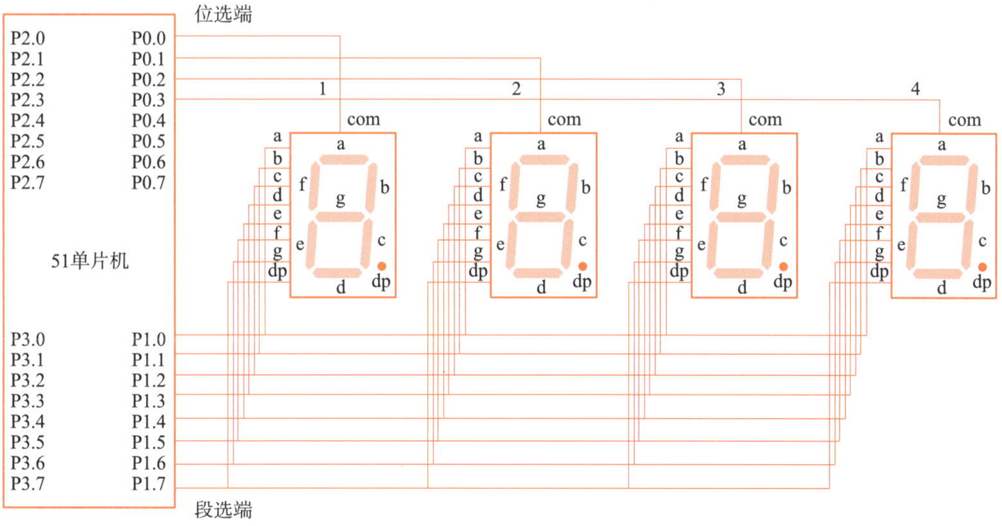

图 3-4　4 位数码管动态显示示意图

1）电路设计原理分析

（1）段选。数码管的每一个数字或字符由多个 LED 段（一般是 7 段或 8 段）组成。通过控制这些 LED 段的亮灭，可以显示出不同的数字或字符。

在这个设计中，P1 口（通常是 8 位并行 I/O 口）连接到数码管的段选端。这意味着，通过向 P1 口写入不同的数据，可以控制数码管显示不同的字符。

例如，如果要在某个数码管上显示数字“3”，就需要向 P1 口写入代表数字“3”的段编码。

学习笔记

(2)位选。当有多个数码管需要控制时，就需要用到位选信号。位选信号用于选择哪个数码管应该被点亮。

在这个设计中，P0 口连接到数码管的位选端。P0 口的每一位对应一个数码管的公共端（通常是公共阳极或公共阴极）。

通过将 P0 口的某一位设为低电平（假设是共阳极数码管），可以选择点亮对应的数码管。同时，其他数码管的位选端应设为高电平，以确保它们不被点亮。

(3)动态显示。由于单片机的 I/O 口数量有限，通常不会同时为所有的数码管提供段选信号，而是采用动态扫描的方式。

动态扫描是指依次点亮每一个数码管，但速度非常快，以至于人眼看起来所有的数码管似乎是同时点亮的。

具体实现时，程序会循环遍历所有的数码管，每次只点亮一个，并设置相应的段选信号；然后迅速切换到下一个数码管。

2)电路设计注意事项

(1)需要确保数码管的公共端（位选端）与单片机的 I/O 口之间有足够的驱动能力。如果数码管数量较多或者尺寸较大，需要额外的驱动电路。

(2)动态显示消隐：在切换位选前，先关闭段选，避免“鬼影”。

(3)P0 口作为输出口时，需要加上拉电阻才能正常使用。

任务实施

1. 硬件电路设计

根据任务要求，采用 8 个数码管即可满足要求，数码管个数较多，因此可以采用动态显示。本任务的动态显示采用 8 个 PNP 型三极管作为驱动器驱动 8 位共阳极数码管。

本任务是点亮 8 位数码管，下面以点亮 4 位数码管显示“1、2、3、4”为例，设计 4 位数码管的动态显示电路，并对电路原理进行详细阐述。

视频 数码管动态显示电路设计

以共阳极数码管为例，先解析“依次轮流点亮”，即同一时刻只有一个数码管点亮，因此可以把 4 个数码管的段码端全部接在一起连接到单片机的 I/O 口上，此处以 P1 口为例，如图 3-4 所示，像这样将所有数码管的 8 个显示段分别并联起来，仅用一个并行 I/O 端口控制，称为“段选端”。将“1”的编码“0XF9”送给 P1 口，如果想要显示“1”，需要给公共端送高电平。如果 4 个数码管的共阳极全部都是高电平，那么四个数码管都是选通状态，都会亮，因此会显示 4 个“1”。根据任务要求，需要显示“1、2、3、4”，因此当前只需要第一个数码管显示“1”，其他的数码管不亮，而在下一个时刻，需要第二个数码管显示“2”，其他数码管不亮，再下一个时刻，第三个数码管显示“3”，其他数码管不亮，依此类推。因此需要控制 4 个公共端的高低电平状态来控制是选择哪位数码管点亮。把各位数码管的公共端称为“位选端”，将其连接到 P0 口，通过控制 P0 口高低电平的输出，即可选中是哪一位数码管有效并点亮。这样就可以达到依次轮流显示“1、2、3、4”的效果，至于如何“利用人眼的视觉暂留效应看起来达到同时点亮的效果”，只需要注意视觉暂留效应的时效性，在编写延时函数的时候控制好延时时间就可以实现了。

本任务需要完成 8 位数码管的动态显示，根据数码管动态显示原理以及 PNP 型三极管特性，电路整体设计如图 3-5 所示。

学习笔记

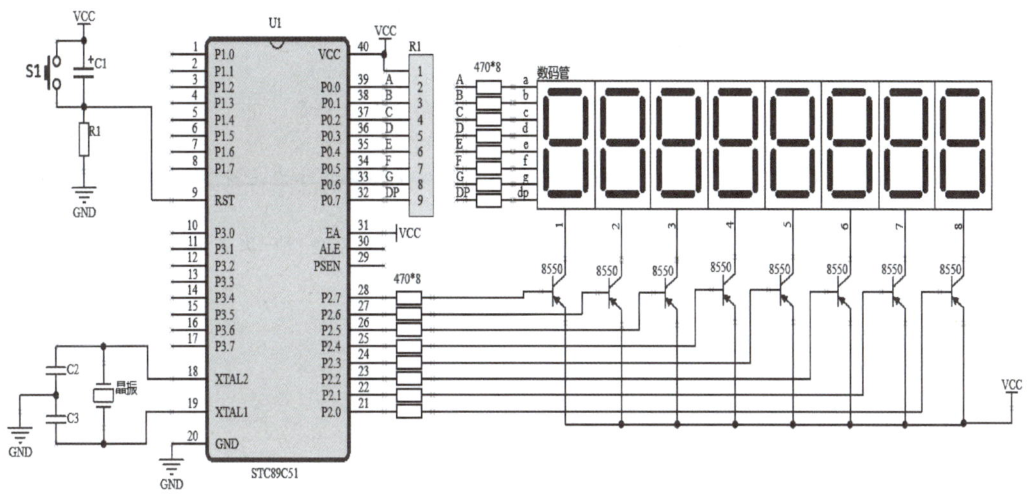

图 3-5　数码管动态显示电路整体设计

2. 软件程序设计

根据任务要求,8 位数码管分别显示“12345678”8 位数字,需要根据动态显示原理选通位选口和段选口并依次轮流点亮各个数码管,设置合适的间隔时间以达到动态显示的效果。对应的程序流程图如图 3-6 所示。

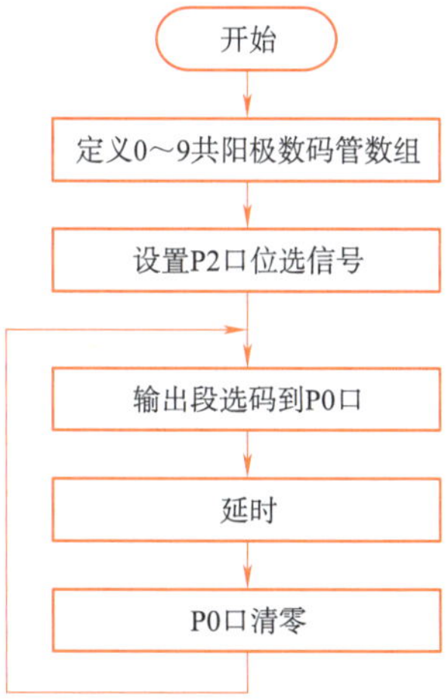

图 3-6　程序流程图

要使用 51 单片机驱动 8 位数码管进行动态显示,需要以下几个步骤:

(1)初始化单片机和相关的 I/O 端口。

(2)定义数码管的编码(1～8)。

(3)编写一个函数来显示一个数字在特定的数码管上。

(4)编写主函数,动态地刷新所有的数码管。

以下是一个简单的数码管显示测试,展示如何驱动 8 位数码管显示 1～8。

注意:这个例子是以单片机的 P0 口作为段选口,P2 口作为位选口来控制数码管的点亮。

关键程序代码如下(任务完整代码请扫描二维码查看):

视频 数码管动态显示软件设计

素材 动态显示源代码

素材 数码管动态显示原理图

```
#include <reg51.h>
//定义数码管编码,共阳极,低电平有效
unsigned char code digitCode[10] = {0xC0, 0xF9, 0xA4, 0xB0, 0x99, 0x92,0x82,
0xF8, 0x80, 0x90};  // 共阳极 0~9 编码
void delay(unsigned int ms)
{
    unsigned int i, j;
        for (i = ms; i > 0; i--)
            for (j = 110; j > 0; j--);
}
void display(unsigned char * num)
{
```

学习笔记

```
    unsigned char i;
    for (i = 0; i < 8; i++)
    {
        P2 = (0x01 << i);           // 位选,点亮第 i 个数码管
        P0 = digitCode[num[i]];     // 段选,显示对应的数字
        delay(1);                   // 延时,这里需要根据实际情况调整,确保人眼看到稳定
                                    // 的显示
        P0 = 0xFF;                  // 消隐,关闭所有段,准备下一次显示
    }
}
void main()
{
    unsigned char nums[8] = {1, 2, 3, 4, 5, 6, 7, 8};    // 要显示的数字
    while (1)
    {
        display(nums);              // 循环显示数字
    }
}
```

在这个程序中,定义了一个数组 digitCode 来存储数字 0～9 的段码。在 main() 函数中,使用一个无限循环来依次显示这些数字。每次显示一个数字后,调用 delay() 函数来等待一段时间,以便人眼能够区分出不同的数字。然后,将 P0 口清零以消除残留的显示。

小提示:

(1) delay() 函数是一个简单的延时函数,用于控制数码管的显示时间。这里的延时值可能需要根据实际的硬件和晶振频率进行调整。

(2) 通过位选(P2 口)和段选(P0 口)的组合,可以控制任意一个数码管的点亮和熄灭以及显示什么数字,P0 和 P2 需要配合使用。

3. 软件仿真

根据设计的硬件电路以及程序源代码生成的 hex 文件,可以借助 Proteus 仿真软件进行虚拟仿真,初步验证电路及程序的正确性,以确保该任务在理论上是成功的。

从 Proteus 仿真软件的元器件库里选出此次仿真需要用到的元器件,见表 3-1。

表 3-1 Proteus 仿真元器件对照表

元　器　件	仿真元件
单片机	AT89C51
晶振	CRYSTAL
电容	CAP
按键	BUTTON
电阻	RES
三极管	PNP
排阻	RESPACK-8
8 位数码管	7SEG-MPX8-CA

学习笔记

或直接在 Keywords 文本框里按照元器件名称搜索，添加仿真元器件。仿真电路图如图 3-7 所示。

素材

数码管动态显示仿真电路图

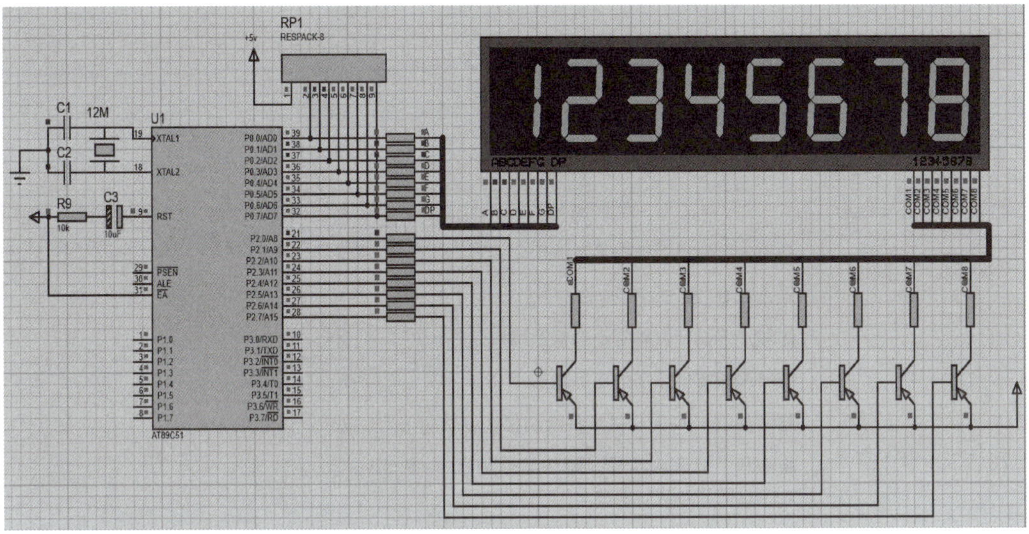

图 3-7 Proteus 仿真电路图

4. 电路制作与调试

通过 Proteus 仿真验证后，就可以着手准备实物的制作了。本任务实物制作清单见表 3-2。

表 3-2 实物制作清单

名 称	型 号	封 装	数 量
单片机	STC89C51	双列直插 DIP40	1
IC 底座	40 引脚	双列直插 DIP40	1
晶振	12 MHz	HC-49S	1
电阻	10 kΩ	AXIAL-0.3	1
排阻	470 × 8	HDR1X9	2
电容	30 pF	RAD-0.1	2
按键	4 引脚	直插四脚	1
数码管	共阳极 0.56 英寸	直插	8
三极管	8550	TO-92	8
恒温烙铁	40 W		1
稳压电源	5 V		1
导线			若干

任务总结

本任务利用单片机控制共阳极数码管实现了 1 ~ 8 数字的动态显示。本任务的重点是数码管动态显示驱动电路的设计，需要理解并掌握动态显示的概念，掌握“位选”和“段选”的含

学习笔记

义，并应用到电路设计中。难点是动态显示的项目实现，既要确保每位数码管轮流点亮的时间足够短，以利用人眼视觉暂留效应实现整体同时显示的效果，又要避免闪烁现象，确保显示的稳定性和清晰度。

任务评价

本任务的评价类别、评价内容及所占分值见表3-3。

表3-3　任务评价

评价类别	评价内容	评价指标	分值	自我评价	小组评价	教师评价
专业知识	任务准备	是否理解数码管动态显示原理	5			
		是否理解“段选”和“位选”概念	5			
专业技能	任务实施	能够正确设计数码管动态显示接口电路	20			
		能够编程实现数字的正确显示	10			
		能够利用 Proteus 仿真软件绘制仿真电路	20			
		能够利用仿真软件调试硬件电路及程序，并能针对出现的问题进行解决	10			
		能够焊接、调试实际电路	5			
		能够撰写任务总结报告	5			
专业素质	核心素养	能否发现问题、分析问题、创新性解决问题	5			
		能否与同学交流协作，是否有团队合作意识	5			
		学习态度是否端正，是否积极参与教学活动	5			
		工作作风是否严谨，是否自觉遵章守纪	5			
总　评			100			

任务拓展

在成功实现基础的1～8数字动态显示后，可以进一步拓展，比如增加显示内容的复杂度，如显示字母、符号或自定义图案等；或者探索使用不同的驱动方式，如SPI、I2C等，以提高系统的灵活性和可扩展性。这里拓展一个简单的生日显示。

任务拓展要求：在现有数码管动态显示功能的基础上，设计并实现一个能够显示生日日期的功能。

知识训练

一、填空题

1. 在51单片机驱动8位数码管动态显示中，通常需要对________口进行编程，以输出不同的段码来控制数码管显示不同的字符。

2. 在实现8位数码管动态显示时，通过快速切换显示位置，并利用人眼的________效应，使人感觉多个数码管是同时显示的。

3. 在51单片机控制数码管动态显示的电路中，以共阳极接法为例，如果某一位数码管的公共端接地，那么这一位数码管将会________。

学习笔记

4. 为了实现8位数码管的动态显示，需要在程序中编写一个循环，依次对每一位数码管进行________和________操作。

5. 在51单片机驱动8位数码管动态显示的程序中，为了避免数码管闪烁，通常需要合理设置数码管之间的________时间。

二、选择题

1. 在51单片机控制数码管动态显示的过程中，以共阳极接法为例，若希望某一位数码管不显示，应该对该位数码管的(　　)控制信号进行操作。

A. 置高电平　　B. 置低电平　　C. 保持不变　　D. 进行翻转

2. 在51单片机驱动8位数码管动态显示中，为了实现数码管的逐位显示，通常需要对(　　)进行操作。

A. P0口

B. P1口

C. P2口(或P3口，具体取决于数码管的连接方式)

D. 串口

任务二　心率测量仪定时功能的设计

✧ 知识目标

- 掌握定时器的原理及其在单片机中的应用。
- 掌握51单片机定时器的使用方法。

✧ 能力目标

- 能够设计并编写程序实现精准定时功能。
- 能够调试程序，确保定时器的准确性。

✧ 素质目标

- 培养守时观念和解决问题的能力。
- 提高团队协作能力和沟通能力。
- 提高7S管理能力，并在日常学习和工作中能够熟练运用并持续优化。

任务描述

本任务要求学生学会使用51单片机的定时器功能。具体任务是用定时器实现精准定时，并利用任务一的动态显示电路实现精确定时的显示。

知识链接

单片机中的定时(延时)可以采用软件的方法实现，但软件延时完全占用CPU，大大降低了CPU的工作效率。采用单片机内部接口——定时/计时器就能很好地解决定时问题。本任务主要学习利用单片机定时/计数器的定时功能。

1. 定时/计数器的结构与设置

51单片机内部包含两个可编程的16位定时/计数器，通常称为定时/计数器T0和定时/计数器T1。其结构如图3-8所示，定时/计数器T0由特殊功能寄存器TH0和TL0构成，定时/

学习笔记

计数器 T1 由特殊功能寄存器 TH1 和 TL1 构成。

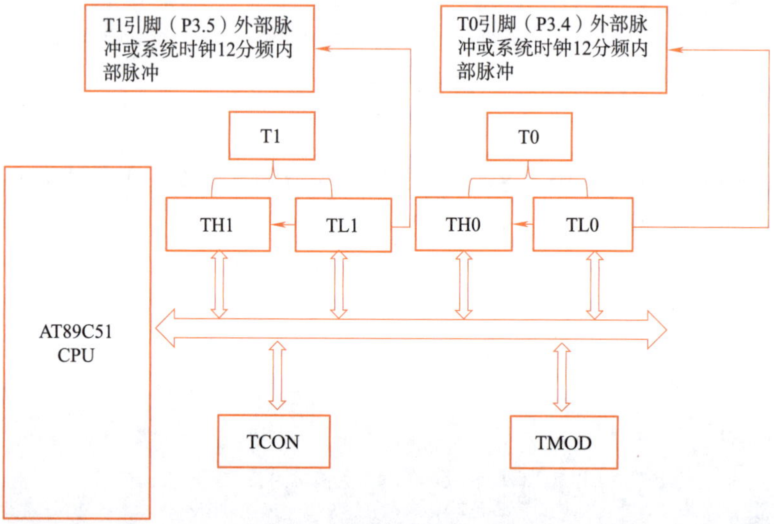

图 3-8　AT89S51 单片机的定时/计数器结构框图

两个定时/计数器都具有定时器和计数器两种工作模式，4 种工作方式（方式 0、方式 1、方式 2、方式 3）。定时/计数器属于增 1 计数器。工作方式的设置及定时/计数器的控制需要用到工作方式控制寄存器 TMOD 和定时/计数器控制寄存器 TCON。

1）工作方式控制寄存器 TMOD

51 单片机的定时/计数器工作方式控制寄存器 TMOD 用于选择定时/计数器的工作模式和工作方式，字节地址为 89H，不能位寻址，其格式如图 3-9 所示。

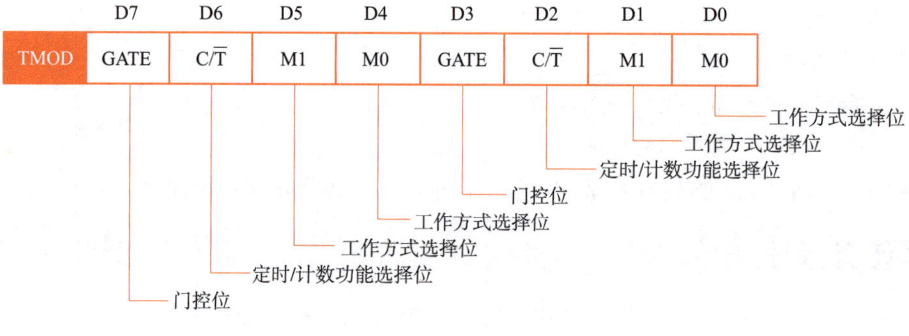

图 3-9　TMOD 的格式

$C/\overline{T}$：定时/计数功能选择位。$C/\overline{T}=0$ 时，设置为定时器工作方式；$C/\overline{T}=1$ 时，设置为计数器工作方式。

GATE：门控位。当 GATE = 0 时，软件启动方式，将 TCON 寄存器中的 TR0 或 TR1 置 1 即可启动相应定时器；当 GATE = 1 时，硬软件共同启动方式，软件控制位 TR0 或 TR1 需置 1，同时还需 $\overline{INT0}$（P3.2）或 $\overline{INT1}$（P3.3）为高电平才可启动相应定时器，即允许外部中断 $\overline{INT0}$、$\overline{INT1}$ 启动定时器。

TMOD 的低 4 位为 T0 的工作方式字段，高 4 位为 T1 的工作方式字段，它们的含义完全相同。M1 和 M0 为工作方式选择位，其含义见表 3-4。

学习笔记

表 3-4　M1 和 M0 工作方式选择位

M1	M0	工作方式	功能说明
0	0	方式 0	13 位计数器
0	1	方式 1	16 位计数器
1	0	方式 2	初值自动重载 8 位计数器
1	1	方式 3	T0:分成两个 8 位计数器;T1:停止计数

任务二中设置 T1 为软件启动方式、定时功能、工作方式 1,则 GATE = 0、$C/\overline{T}$ = 0、M1M0 = 01,因此,高 4 位应为 0001;T0 未用,低 4 位可随意置数,但低 2 位不可为 11(因在工作方式 3 时,T1 将停止计数),一般将其设为 0000。因此,采用下面语句设置定时/计数器的工作方式:

```
TMOD = 0x10;   //设置 T1 为工作方式 1
```

2)定时/计数器控制寄存器 TCON

定时/计数器控制寄存器 TCON 的作用是控制定时器的启动、停止,标识定时器的溢出和中断情况。TCON 的格式如图 3-10 所示。

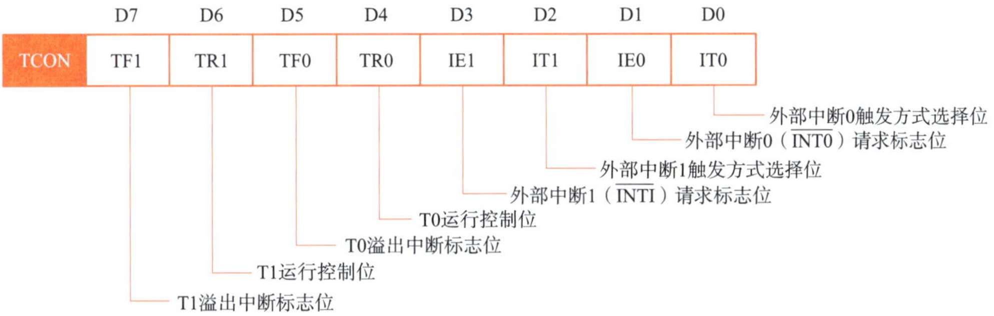

图 3-10　TCON 的格式

TCON 寄存器是一个 8 位的特殊功能寄存器,其每一位都控制着与定时/计数器或外部中断相关的功能。从最高位(D7)到最低位(D0)的描述如下:

D7(TF1):T1 溢出中断标志位。当 T1 的计数值达到其设定的最大值并溢出时,TF1 位会被硬件自动置 1,表示 T1 已经溢出。如果此时 CPU 的中断允许(IE 寄存器中的 ET1 位为 1)且全局中断允许(EA 位为 1),则 CPU 会响应 T1 的溢出中断,并在中断服务程序中执行相应的中断服务程序。中断服务程序执行完毕后,TF1 位可以通过软件清零,或者由硬件在中断响应时自动清零。

D6(TR1):T1 运行控制位。当 TR1 位被置 1 时,T1 开始运行(计数或定时)。如果 TR1 位被清零,则 T1 停止运行。这个位允许软件控制 T1 的启动和停止。

D5(TF0):T0 溢出中断标志位。与 TF1 位类似,但它是针对 T0 的。当 T0 的计数值达到其设定的最大值并溢出时,TF0 位会被置 1。

D4(TR0):T0 运行控制位。与 TR1 位类似,但它是控制 T0 的启动和停止的。当 TR0 位被置 1 时,T0 开始运行;当 TR0 位被清零时,T0 停止运行。

D3(IE1):外部中断 1 请求标志位。这个位与外部中断 1 相关,但在 TCON 寄存器中,它

学习笔记

主要是用来指示外部中断 1 的请求状态，并不直接控制定时/计数器的运行。在外部中断 1 触发时，IE1 位会被置 1，如果外部中断 1 被允许（IE 寄存器中的 EX1 位为 1），则 CPU 会响应外部中断 1 的请求。

D2（IT1）：外部中断 1 触发方式选择位。用于控制外部中断 1 的触发方式，当 IT1 = 1 时，外部中断 1（$\overline{\text{INT1}}$）被设置为边沿触发；而当 IT1 = 0 时，外部中断 1 则被设置为电平触发。

D1（IE0）：外部中断 0 请求标志位。与 IE1 位类似，但它是针对外部中断 0 的。当外部中断 0 触发时，IE0 位会被置 1，如果外部中断 0 被允许（IE 寄存器中的 EX0 位为 1），则 CPU 会响应外部中断 0 的请求。

D0（IT0）：外部中断 0 触发方式选择位。用于控制外部中断 0 的触发方式。当 IT0 = 1 时，外部中断 0（$\overline{\text{INT0}}$）被设置为边沿触发；而当 IT0 = 0 时，外部中断 0 则被设置为电平触发。

TCON 中的低 4 位用于控制外部中断，与定时/计数器无关。当系统复位时，TCON 的所有位均清零。

TCON 可以进行位操作，溢出标志位清零或启动定时器都可以用位操作语句，例如：

```
TR1 =1;                              //启动 T1
TF1 =0;                              //T1 溢出标志位清零
```

2. 定时/计数器的工作方式

51 单片机定时/计数器的工作方式主要有四种，分别是：

方式 0：16 位计数器只用了 13 位，即 THx 的高 8 位和 TLx 的低 5 位，组成一个 13 位定时/计数器。

当用作定时器时，定时时间为

$$t = \frac{(2^{13} - \text{计数初值}) \times \text{机器周期}}{\text{时钟频率}}$$

式中，机器周期是时钟周期的 12 倍（假设时钟周期为晶振频率的倒数，且机器周期定义为时钟周期的 12 倍）。

当用作计数器时，计数总个数最多可计到 $2^{13} - 1 = 8\ 191$ 次。

当计数满中断后，定时/计数器清零，此时应在程序中设置将其改为初值，才能正常进行下一次的定时或计数。

方式 1：与方式 0 的工作相似，唯一的差别在于计数器的位数。在方式 1 中，THx 和 TLx 组成一个 16 位计数器。

当用作定时器时，定时时间为

$$t = \frac{(2^{16} - \text{计数初值}) \times \text{机器周期}}{\text{时钟频率}}$$

当用作计数器时，计数总个数最多可计到 $2^{16} - 1 = 65\ 535$ 次。

方式 2：定时/计数器配置为 8 位自动重装模式。THX 用于存放预置数，TLX 用于计数。当 TLX 计数溢出时，THX 中的预置数自动重装到 TLX 中，实现自动重装功能。

当用作定时器时，定时时间为

$$t = \frac{(2^{8} - \text{计数初值}) \times \text{机器周期}}{\text{时钟频率}}$$

当用作计数器时，计数总个数最多可计到 $2^{8} - 1 = 255$ 次。

学习笔记

当计数满中断后，定时/计数器清零，THX 中存放的初值自动存到 TLX 中，因此不需要程序单独说明即可正常进行下一次定时或计数。

方式 3：仅对定时器 T0 有效。在这种模式下，TL0 和 TH0 成为两个相互独立的 8 位计数器。TL0 利用 T0 本身的一些控制，它的操作与方式 0 和方式 1 类似。而 TH0 被规定为只用作定时器功能，对机器周期计数，并借用了 T1 的控制位 TR1 和 TF1。

每种工作方式都有其特定的应用场景和优势，可以根据具体需求选择适合的工作方式。同时，在使用定时/计数器时，还需要注意其计数范围和精度，以确保其能够满足实际的需求。经常使用的是方式 1 和方式 2，方式 1 的优点是 16 位定时/计数器，计数范围较大，而方式 2 虽然是 8 位定时/计数器，但是它具备自动重装初值的优点，可以简化程序，因此使用频率也很高。本任务实现 1 min 的精准定时，选用的是定时器 T1，工作方式选的是计数值较大的方式 1。

任务实施

1. 硬件电路设计

素材

定时器电路原理图

根据任务要求需要实现精准定时，用 P3.2 口作为计时的触发信号，下降沿触发，当按键按下去的时候开始启动定时。为了更直观地展示计时功能，借助任务一的动态显示电路来实现精确定时的显示。将 8 个数码管按照从右到左的顺序依次编号为“管 1、管 2、管 3，……，管 8”，采用管 1 和管 2 显示“秒”，管 3 和管 6 显示“-”，管 4 和管 5 显示“分”，管 7 和管 8 均显示“时”。P0 口控制 8 个数码管的段选端，P2 口控制 8 个数码管的位选端。实现精准计时并实时显示时间的电路图设计如图 3-11 所示。

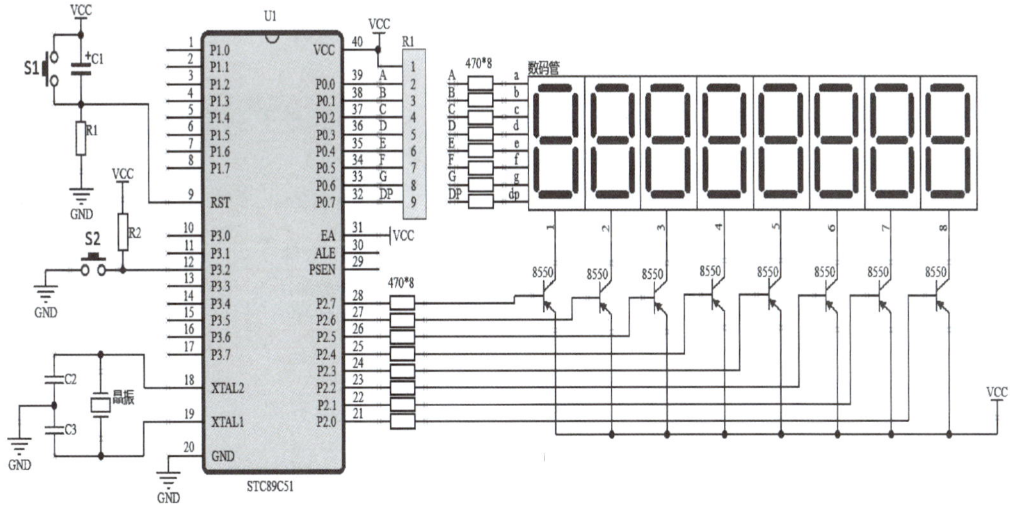

图 3-11　定时器电路设计

2. 软件程序设计

要使用定时器 T1 在方式 1 下实现精准定时，首先需要了解定时器 T1 在方式 1 下的工作特性。在方式 1 下，定时器 T1 是一个 16 位的定时/计数器，当计数溢出时，会设置 TF1 标志位，并触发中断（如果中断被允许）。

学习笔记

设计步骤如下：

(1)确定系统时钟频率：通常51单片机的时钟频率由外部晶振提供，通过分频电路分频得到定时器使用的时钟。假设使用的外部晶振频率为12 MHz。

(2)计算定时初值：定时器T1的计数频率是系统时钟频率经过12分频后的结果，即计数频率为$f_{osc}/12$。要实现1 s的定时，需要计算T1从初值计数到溢出的时间。计数器的溢出值是65 536(16位计数器的最大值)。为了计数方便，选取定时值为50 000，则一次定时为50 ms，要达到1 s的计时，计数循环20次即可。程序代码如下：

```
TH1 = (65536 - 50000)/256;
TL1 = (65536 - 50000)% 256;
```

(3)配置定时器T1：设置定时器T1为方式1，并加载初值给T1。程序代码如下：

```
EA =1; ET1 =1;
TMOD =0X10;        //定时器T1作为定时功能,工作方式为方式1
```

(4)编写中断服务程序：当中断发生时，处理中断，需要在中断函数中重置定时器初值，并计数达到20次后，停止T1，即执行指令：TR1 =0;。

(5)启动定时器：设置TR1位以启动定时器T1，即执行指令：TR1 =1;。

根据任务要求，可绘制定时中断函数程序流程图如图3-12所示。

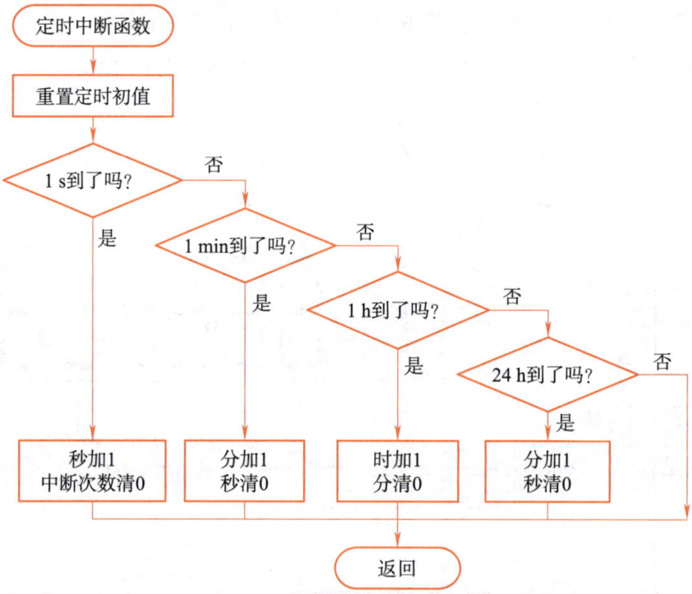

图3-12 定时中断函数程序流程图

关键代码如下：

```
#include <reg51.h>
unsigned char miao =0,fen =0,shi =0,count =0;      //变量定义
unsigned char show_data[] = {0xc0,0xf9,0xa4,0xb0,0x99,0x92,0x82,0xf8,0x80,
0x90,};    //共阳字模
//定义子程序
void show();                    //显示子函数
```

学习笔记

素材

定时器源代码

```
void delay(unsigned char i);    //延时子函数

/************** 主程序*******************/
main()
{
    EA =1; ET1 =1;
    TMOD =0x01;//方式 1 计数,方式 0 定时
    TH1 = (65536 -50000)/256;
    TL1 = (65536 -50000)% 256;
    TR1 =1;
    while (1)
    {
      show();
    }
}

/*************** 显示子程序 *************/
void show()             //时间显示
{
    P2 =0xbf;           //10111111   第 7 个数码管
    P0 =show_data[miao/10];
    delay(1);

    P2 =0x7f;           //01111111   第 8 个数码管   秒个位
    P0 =show_data[miao% 10];
    delay(1);

    P2 =0xdf;           //11011111   第 6 个数码管
    P0 =0xbf;
    delay(1);

    P2 =0xf7;           //11101111   第 4 个数码管
    P0 =show_data[fen/10];
    delay(1);

    P2 =0xef;           //11110111   第 5 个数码管   分个位
    P0 =show_data[fen% 10];
    delay(1);

    P2 =0xfb;           //11111011   第 3 个数码管
    P0 =0xbf;
    delay(1);

    P2 =0xfd;           //11111101   第 1 个数码管
    P0 =show_data[shi/10];
    delay(1);
```

学习笔记

```
        P2 =0xfe;         //11111110  第 2 个数码管
        P0 = show_data[shi% 10];
        delay(1);

      }

/************ 定时****************** **/
void time0() interrupt 1
{
    TH1 = (65536 -50000)/256;
    TL1 = (65536 -50000)% 256;
    count ++;
    if(count ==20)
    {
        miao ++;count =0;
    }
    if(miao ==60)
    {
        fen ++;miao =0;
    }
    if(fen ==60)
    {
        shi ++;fen =0;
    }
    if(shi ==24)
    {
        shi =0;
    }
}
/* 延时子程序*/
void delay(unsigned char i)
{
    unsigned char j,k;
    for(k =0;k <i;k ++)
    for(j =0;j <255;j ++);
}
```

小提示:

因定时器最大定时时间有限,可以先定时 50 ms,循环 20 次,实现 1 s 定时。这样可节省资源,提高灵活性,适用于多数定时场景。

3. 软件仿真

根据设计的硬件电路以及程序源代码生成的 hex 文件,可以借助 Proteus 仿真软件进行虚拟仿真,初步验证电路及程序的正确性,以确保该任务在理论上是成功的。

从 Proteus 仿真软件的元器件库里选出此次仿真需要用到的元器件，见表 3-5。

学习笔记

表 3-5　Proteus 仿真元器件对照表

元　器　件	仿真元件
单片机	AT89C51
晶振	CRYSTAL
电容	CAP
按键	BUTTON
电阻	RES
三极管	PNP
排阻	RESPACK-8
8 位数码管	7SEG-MPX8-CA

或直接在 Keywords 文本框里按照元器件名称搜索，添加仿真元器件。仿真电路图如图 3-13 所示。

素材

定时器仿真原理图

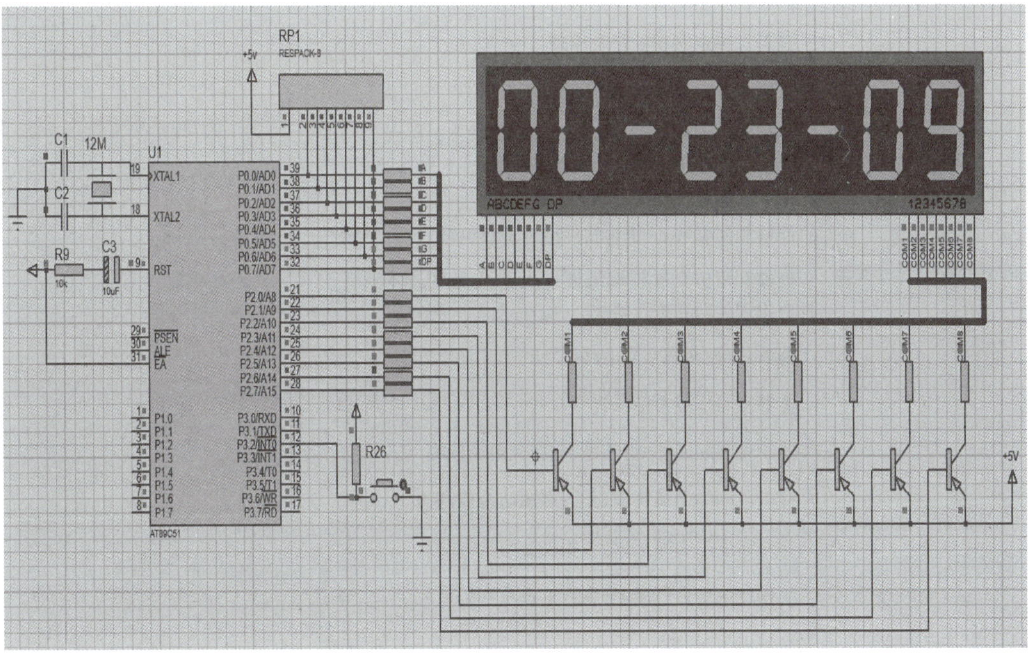

图 3-13　Proteus 仿真电路图

4. 电路制作与调试

通过 Proteus 仿真验证后，就可以着手准备实物的制作了。在任务一的基础上新增实物制作清单见表 3-6。

表 3-6　实物制作清单

名　　称	型　　号	封　　装	数　　量
电阻	10 kΩ	AXIAL-0.3	1

学习笔记

续表

名　称	型　号	封　装	数　量
按键	四引脚		1
导线			若干

任务总结

本任务利用单片机定时器实现了心率测量仪的精准定时。本任务的重点是定时器的工作原理、工作方式和 SFR 的设置及编程实现。难点是 SFR 的设置及 T1 中断溢出服务函数的编写与实现。

任务评价

本任务的评价类别、评价内容及所占分值见表 3-7。

表 3-7　任务评价

评价类别	评价内容	评价指标	分值	自我评价	小组评价	教师评价
专业知识	任务准备	是否掌握定时器的定时原理	5			
		是否掌握定时/计数器的 TMOD 与 TCON 的设置	10			
专业技能	任务实施	能够正确理解定时器的定时原理及初值的计算	20			
		能够编程实现定时器的精准定时	10			
		能够利用 Proteus 仿真软件绘制仿真电路	15			
		能够利用仿真软件调试硬件电路及程序,并能针对出现的问题进行解决	10			
		能够焊接、调试实际电路	5			
		能够撰写任务总结报告	5			
专业素质	核心素养	能否发现问题、分析问题、创新性解决问题	5			
		能否与同学交流协作,是否有团队合作意识	5			
		学习态度是否端正,是否积极参与教学活动	5			
		工作作风是否严谨,是否自觉遵章守纪	5			
总　评			100			

任务拓展

本任务已经完成了精准定时,并实现了精准定时的显示,按照同样的方式就可以实现 1 h 的精准定时,这便是日常生活中的电子时钟的设计。请按照本任务的思路进行拓展,不但可以显示秒、分和时,还可以加按键进行控制。

任务拓展要求:

设计 8 位数码管动态显示“时、分、秒”的电子时钟,要求管 8 和管 7 显示时,管 5 和管 4 显示分,管 2 和管 1 显示秒,管 3 和管 6 不亮,实现简易电子时钟的功能。

学习笔记

知识训练

一、填空题

1. 51 单片机中的定时/计数器 0 和定时/计数器 1 都是________位的。

2. 51 单片机的定时/计数器在方式 1 下是________位的。

3. 若单片机的晶振频率为 12 MHz,定时/计数器工作在方式 1 时,其最大的定时时间为________μs。

二、选择题

1. 8051 单片机定时器的计数脉冲来源是(　　)。

A. 外部引脚　　B. 内部机器周期　　C. 外部事件　　D. 内部时钟

2. 当定时器 0 工作在方式 2 时,它是(　　)。

A. 8 位定时器　　B. 13 位定时器

C. 16 位定时器　　D. 自动重装载定时器

3. 若要设置定时器 1 为方式 2,应使用的指令是(　　)。

A. TMOD = 0X01;　　B. TMOD = 0X10;

C. TMOD = 0X20;　　D. TMOD = 0X80;

4. 定时/计数器 0 的溢出标志位是(　　)。

A. TF0　　B. TF1　　C. TR0　　D. TR1

三、判断题

1. 51 单片机的定时/计数器 0 和定时/计数器 1 都可以独立工作,互不影响。(　　)

2. 定时/计数器工作在计数模式时,其计数初值必须是确定的。(　　)

3. 8051 单片机的定时器/计数器在方式 3 下是自动重装载的。(　　)

4. 定时器的溢出标志位必须手动清零,否则将导致定时器无法正常工作。(　　)

任务三　心率测量仪计数功能的设计

✧ 知识目标

- 掌握计数器的原理及其在单片机中的应用。
- 掌握 51 单片机计数器的使用方法。
- 掌握心率信号的采集与处理方法。

✧ 能力目标

- 能够设计并编写程序实现 1 min 的脉冲计数功能。
- 能够调试程序,确保计数器的准确性。

✧ 素质目标

- 培养健康意识和解决问题的能力。
- 提高团队协作能力和沟通能力。
- 提高 7S 管理能力,并在日常学习和工作中能够熟练运用并持续优化。

学习笔记

任务描述

本任务要求在任务一和任务二的基础上实现心率测量仪的控制系统的设计，要求学会使用传感器采集心率信号并使用51单片机的计数器功能对心率信号计数。具体任务描述如下：

（1）利用传感器把脉搏信号转化成脉冲信号。

（2）利用单片机的计数功能实现脉冲信号的计数。

知识链接

1. 计数器的工作过程

1）外部脉冲的引入

在51单片机中，计数器可以通过外部引脚[如T0（P3.4）或T1（P3.5）引脚]引入外部脉冲。下面以P3.4引脚为例进行说明。P3.4引脚是一个通用的I/O口，它可以被配置为输入模式来接收外部脉冲信号。这些脉冲信号通常来自外部采集电路，比如传感器、编码器或其他数字电路的输出。当外部引脚上的电平发生有效变化（如从高电平变为低电平，这取决于具体的触发方式设置）时，计数器会检测到这一变化，并将其视为一个有效的计数脉冲。

（1）配置P3.4为输入模式：在51单片机中，通常不需要特别的寄存器设置来将P3.4配置为输入模式，因为它默认就是双向口，可以作为输入或输出使用。但是，在编写程序时，需要确保在读取P3.4引脚之前，没有向该引脚写入数据（或将其置为高阻态，如果适用），以避免干扰输入信号。

（2）连接外部采集电路：将外部采集电路的输出连接到P3.4引脚。确保信号连接正确，并且外部电路提供的脉冲信号在逻辑电平上与单片机的I/O口兼容（通常是TTL或CMOS电平）。

2）计数功能的设置

要使51单片机的计数器工作于计数模式，需要通过设置特定的控制寄存器来实现。这主要涉及TMOD（定时/计数器模式寄存器）和TCON（定时/计数器控制寄存器）两个寄存器。

（1）TMOD寄存器设置：TMOD寄存器用于设置定时/计数器的工作模式。对于计数功能，需要将 $C/\overline{T}$（控制位）设置为1。这样，定时/计数器就会从外部引脚（T0或T1引脚）接收计数脉冲，而不是使用内部的时钟源。

另外，还需要设置M1和M0位来选择具体的工作模式。对于基本的计数功能，可以选择模式0（13位计数器）或模式1（16位计数器）。

（2）TCON寄存器设置：TCON寄存器中的TR0或TR1位用于控制定时/计数器的启动和停止。当这些位被设置为1时，相应的定时/计数器开始计数。

如果需要，还可以通过设置GATE位来使定时/计数器的启动受外部信号和TRx位的共同控制。然而，在大多数基本应用中，GATE位通常被设置为0，以便仅通过TRx位控制定时/计数器的启动。

3）计数过程

一旦计数器被配置为计数模式并启动，它就会开始接收外部引脚上的脉冲信号。每当检测到一个有效的脉冲信号时(如从高电平到低电平的负跳变),计数器的值就会自动加1。计数器的值从预设的初值开始累加,直到达到计数器的最大值(对于13位计数器来说是8 191,对于16位计数器来说是65 535)。当计数器的值达到最大值并继续接收一个计数脉冲时,会发生溢出,此时计数器的值会回零,并设置相应的溢出标志位(如TF0或TF1)。

4)溢出处理

当计数器发生溢出时,会设置相应的溢出标志位。如果允许中断,则CPU会响应中断请求,执行中断服务程序。在中断服务程序中,可以对溢出事件进行处理,如重新装载计数初值、执行特定的操作等。如果不需要中断处理,也可以通过轮询溢出标志位的方式来检查计数器是否溢出。

综上所述,51单片机计数器的工作原理是通过外部引脚引入外部脉冲,并通过设置TMOD和TCON寄存器来配置计数器的工作模式和启动状态。计数过程是在计数脉冲的驱动下进行的,当计数器的值达到最大值时发生溢出,并可以通过中断或轮询的方式来处理溢出事件。

2. 心率采集原理

采用红外发光二极管产生的红外线照射到人体手指尖、耳垂等部位,并用装在该部位另一侧或旁边的红外光电管来检测肌体组织的透明程度并把它转换成电信号。由于此信号的频率与人体的心率成正比,故只要把它转换成脉冲并进行整形、计数和显示,就能实现实时检测心率的目的。由于电路中采用了红外发射、接收管,因此采集信号时容易受外界光线干扰。

3. 心率测量仪的结构和原理

1)心率测量仪的结构

心率测量仪是利用光电传感器作为变换元件,把采集到的用于检测脉搏跳动的红外光转换成电信号,用电子仪表进行测量和显示的装置。本装置的组成包括光电传感器、信号处理电路、单片机电路、数码显示、电源等部分。

(1)光电传感器。即将非电量(红外光)转换成电量的转换元件,它由红外发射二极管和接收三极管组成,它可以将接收到的红外光按一定的函数关系(通常是线性关系)转换成便于测量的物理量(如电压、电流或频率等)输出。

(2)信号处理电路。即处理光电传感器采集到的低频信号的模拟电路(包括放大、整形等)。

(3)单片机电路(包括AT89C51、外部晶振、外部中断等)。即利用单片机自身的定时、中断、计数功能对输入的脉冲电平进行运算,得出心率。

(4)数码显示。即把单片机计算得出的结果用8位LED数码管静态扫描来显示,便于直接准确无误地读出数据。

(5)电源。即向光电传感器、信号处理电路、单片机电路供电的装置,可以是5 V的交流或直流的稳压电源。

2)心率测量仪的工作原理

本设计以AT89C51单片机为控制核心,实现心率测量仪的基本测量功能。心率测量仪硬件框图如图3-14所示。

学习笔记

素材

运放LM741芯片手册

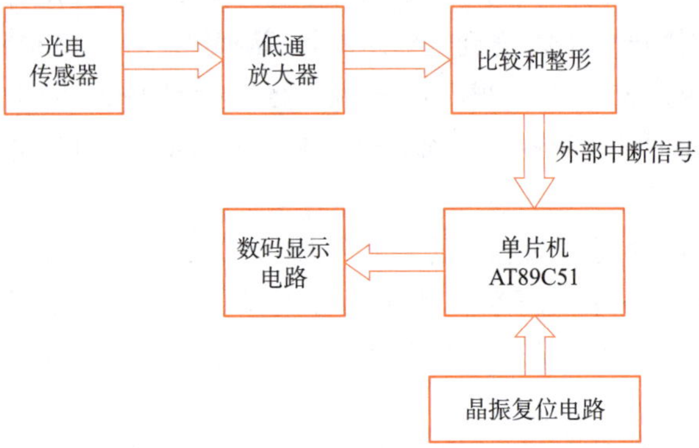

图 3-14　心率测量仪硬件框图

当手指放在红外发射二极管和接收三极管中间，随着心脏的跳动，血管中血液的流量将发生变换。由于手指放在光的传递路径中，血管中血液饱和程度的变化将引起光的强度发生变化，因此和心跳的节拍相对应，红外接收三极管的电流也跟着改变，这就导致红外接收三极管输出脉冲信号。该信号经放大、滤波、整形后输出，输出的脉冲信号作为单片机的外部中断信号。单片机电路对输入的脉冲信号进行计算处理后把结果送到数码管显示。

任务实施

1. 硬件电路设计

首先完成心率信号的采集和处理电路设计。心率信号采集电路如图 3-15 所示。

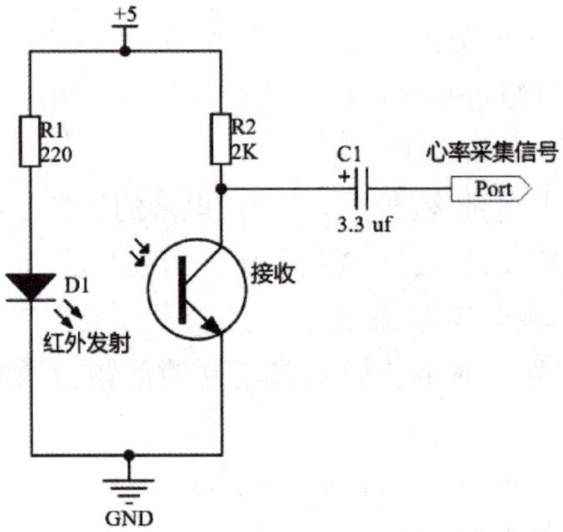

图 3-15　心率信号采集电路

心率信号处理电路如图 3-16 所示。电路功能是把传感器检测到的微弱电信号进行放大、整形、滤波，最后输出反映心跳频率的方波。A1、A2、A3 都为单运放 LM741。

因为传感器送来的信号幅度只有 2～5 mV，要放大到 5 V 左右才能作为计数器的输入脉冲。因此放大倍数设计在 2 000 倍左右。两级放大器都接成反相比例放大器的电路，经过两级放大、反相后的波形是跟输入波形同相且放大了的波形。放大后的波形是一个交流信号。其中 A1、A2 的供电方式是正、负电源供电，电源为 +12 V、−12 V。

学习笔记

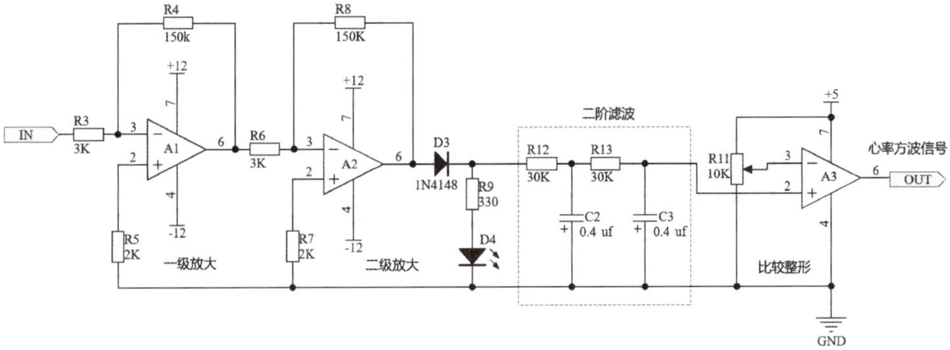

图 3-16　心率信号处理电路

A1、A2 与周围元件组成二级放大电路，放大倍数 A_{uf} 为

$$A_{uf}=\frac{R_4}{R_3}\times\frac{R_8}{R_6}=50\times50=2\ 500$$

由于放大后的波形是一个交流信号，而计数器需要的是单方向的直流脉冲信号。所以，经过 D3 检波后变成单方向的直流脉冲信号，并把检波后的信号送到 *RC* 两阶滤波电路，滤波电路的作用是滤除放大后的干扰信号。R9、D4 组成传感器工作指示电路，当传感器接收到心跳信号时，D4 就会按心跳的节奏而改变亮灭状态，因此 D4 正常工作时是按心跳的频率闪烁。直流脉冲信号滤波后送入 A3 的同相输入端，反应器输入端接一个基准电压。通过电位器 R11 可以调节这个电压值，A3 是作为一个电压比较器来工作的，单电源供电。当 A3 的 3 引脚电压高于 2 引脚电压的时候，6 引脚输出高电平；当 A3 的 3 引脚电压低于 2 引脚电压的时候，6 引脚输出低电平，所以 A3 输出一个反映心跳频率的方波信号。

根据任务要求，采用光电传感器、信号处理、单片机电路、数码显示、电源等硬件设施，完成心率测量电路设计。心率测量电路如图 3-17 所示。

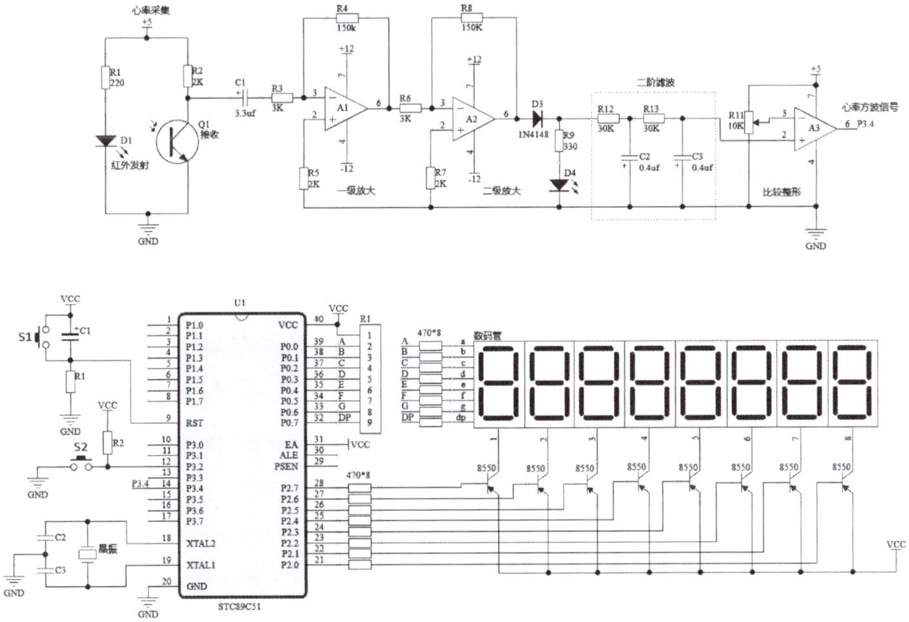

图 3-17　心率测量电路

素材

心率测量电路原理图

学习笔记

本设计采用单片机为核心控制器，通过 P3.4 口连接光电传感器，用于采集心率信号。P0 口负责控制 8 位数码管的段选信号，以实现数字的显示功能；P2 口作为位选口，通过 8 个 PNP 型三极管控制数码管位选，低电平有效，支持多位数码管的动态扫描显示，从而实时显示心率测量值。此外，P3.2 口被配置为启动信号输入端口，用于触发心率仪开始工作。整个电路系统集成了光电传感模块、信号处理模块、数码显示模块以及电源管理模块等硬件设施，实现了心率信号的采集、处理与实时显示功能，具备较高的实用性和可靠性。

2. 软件程序设计

1）计数实例

要求使用 51 单片机定时器 T1 工作在定时模式在方式 1 工作方式下，T0 工作在计数模式在方式 2 工作方式下实现 1 min 内的脉冲精准计数，并显示脉冲数。

为了实现这个功能，首先需要配置定时器 T0 和 T1 的工作模式和工作方式，这个通过设置 TMOD 的值可以实现。T1 将用于产生 1 s 的定时中断，而 T0 用于在方式 2 下计数外部脉冲。同时，需要一个显示模块（比如 LCD 或 LED 数码管）来显示计数值。本任务采用的是 LED 数码管的动态显示来实现显示。

这里假设使用一个 LED 数码管来显示脉冲数，并且脉冲信号连接到 P3.4 引脚（T0 的输入）。

以下是一个简化的 C 语言程序示例：

```
#include <reg51.h>
unsigned char miao=0,count=0,pulse=0;          //变量定义(秒、中断次数、脉冲数)
unsigned char show_data[]={0xc0,0xf9,0xa4,0xb0,0x99,0x92,0x82,0xf8,0x80,
0x90,};                                         //共阳字模
void show();                                    //显示子函数声明
void delay(unsigned char i);                    //延时子函数声明

/************** 主程序*******************/
main()
{
  EA=1; ET0=1;ET1=1;                            //开中断
  TMOD=0x16;                                    //T1 方式 1 定时,T0 方式 2 计数
  TH1=(65536-50000)/256;                        //设置定时初值
  TL1=(65536-50000)%256;
  TR0=1;                                        //启动 T0
  TR1=1;                                        //启动 T1
    while (1)
    {
    show();
    }
}

/************** 显示子程序*******************/
void show()
{
    P2=0xff;                                    //熄灭码(仿真时需要)
```

```
    P2 = 0xbf;                                  //选通十位
    P0 = show_data[pulse/10];                   //显示脉冲数十位
    delay(1);
    P2 = 0xff;                                  //熄灭码(仿真时需要)
    P2 = 0x7f;                                  //选通个位
    P0 = show_data[pulse% 10];                  //显示脉冲数个位
    delay(1);
}
/************* 定时中断程序******************/
void time1() interrupt 3
{
    TH1 = (65536 - 50000)/256;                  //重置定时初值
    TL1 = (65536 - 50000)% 256;
    count ++;                                   //定时中断次数加1
    pulse = TL0;                                //读取脉冲数
    if(count ==20)                              //1 秒到了吗?
    {
      miao ++;count = 0;                        //秒加1,中断次数清0
    }
    if(miao ==60)
    {
      TR0 = 0;                                  //关闭 T0 计数
      TR1 = 0;                                  //关闭 T1 定时
    }
}

/************* 延时子程序******************/
void delay(unsigned char i)
{
      unsigned char j,k;
      for(k = 0;k < i;k ++)
      for(j = 0;j <255;j ++);
}
```

在这个程序中,设置了 T0 以产生固定频率的中断,这个频率的选择取决于希望达到的脉冲计数精度。同时,设置了外部中断 0 来检测脉冲信号。每当检测到脉冲信号时,脉冲计数器就会增加,并且可以在主循环中更新显示。当 T0 的累计计数达到 1 min 时,可以执行一些特定的操作,比如停止计数或重置显示。

注意:需要根据自己的硬件环境(比如具体的显示模块和外部中断连接方式)来编写更新显示的代码和初始化外部中断的代码。此外,上述代码假设脉冲信号的频率不会太高,以免在单个定时器中断周期内发生多次脉冲而漏计。如果脉冲频率很高,可能需要更复杂的逻辑来确保计数的准确性。

2)心率测量仪整体程序设计

根据任务要求,综合任务一和任务二可绘制心率测量仪整体程序流程图如图 3-18 所示。

学习笔记

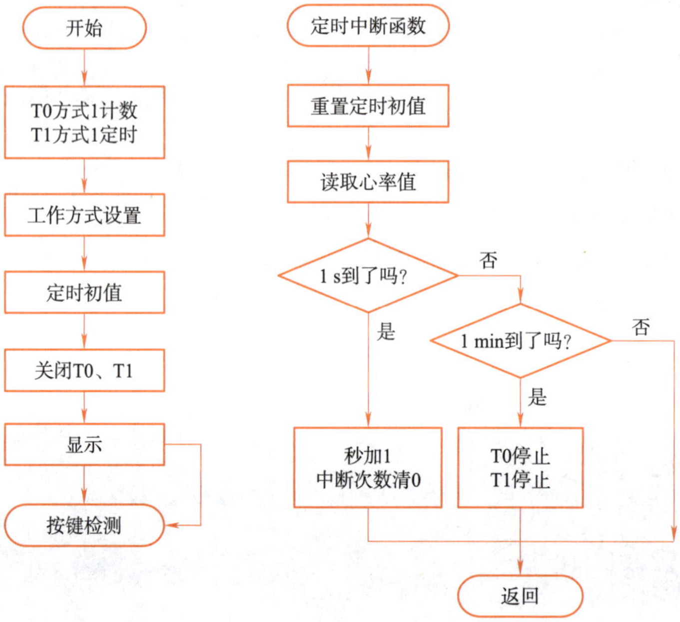

（a）主函数流程图　　（b）中断函数流程图

图 3-18　程序流程图

关键代码如下：

素材

心率测量源代码

```
#include <reg51.h>
sbit k1 = P3^2;//调秒
unsigned char miao = 0,shi = 0,count = 0,HR_data = 0; //变量定义
unsigned char show_data[] = {0xc0,0xf9,0xa4,0xb0,0x99,0x92,0x82,0xf8,0x80,
0x90,};                                    //共阳字模
                                           //定义子程序

void show();                               //显示子函数
void key();                                //按键子函数
void delay(unsigned char i);               //延时子函数

/************* 主程序*******************/
main()
{
  EA = 1; ET0 = 1;ET1 = 1;                 //开中断
  TMOD = 0x15;                             //方式 1 计数,方式 0 定时
  TH1 = (65536 - 50000)/256;
  TL1 = (65536 - 50000)% 256;
  TR0 = 0;                                 //关闭 T0
  TR1 = 0;                                 //关闭 T1
    while (1)
    {
      show();
      key();
    }
}
```

学习笔记

```
/************** 显示子程序******************/
void show()                              //时间显示
{
    P2 = 0xff;                           //熄灭码(仿真时需要)
    P2 = 0xbf;                           //10111111,第 7 个数码管
    P0 = show_data[miao/10];
    delay(1);
    P2 = 0xff;
    P2 = 0x7f;                           //01111111,第 8 个数码管,秒个位
    P0 = show_data[miao% 10];
    delay(1);
    P2 = 0xff;
    P2 = 0xdf;                           //1101 1111,"-",第 6 个数码管
    P0 = 0xbf;
    delay(1);
    P2 = 0xff;
    P2 = 0xf7;                           //11101111,第 4 个数码管
    P0 = show_data[HR_data% 100/10];     //心率十位
    delay(1);
    P2 = 0xff;
    P2 = 0xef;                           //11110111,第 5 个数码管,分个位
    P0 = show_data[HR_data% 100% 10];    //心率个位
    delay(1);

    P2 = 0xff;
    P2 = 0xfb;                           //11111011,"-",第 3 个数码管
    P0 = show_data[HR_data/100];         //心率百位
    delay(1);
    P2 = 0xff;
    P2 = 0xfd;                           //11111101,第 2 个数码管
    P0 = 0xaf;                           //H
    delay(1);
    P2 = 0xff;
    P2 = 0xfe;                           //11111110,第 1 个数码管
    P0 = 0x89;                           //r
    delay(1);

}
/************** 定时******************/
void time0() interrupt 3
{
  TH1 = (65536 - 50000)/256;
  TL1 = (65536 - 50000)% 256;
  count ++;
  HR_data = TL1;                         //读取心率值
  if(count == 20)
  {
    miao ++;count = 0;
```

学习笔记

```
    }
    if(miao == 60)
    {
      TR0 = 0;
      TR1 = 0;
    }
}

/*  延时子程序* /
void delay(unsigned char i)
{
   unsigned char j,k;
   for(k = 0;k < i;k ++)
   for(j = 0;j < 255;j ++);
}
/*按键子程序*/
void key()
{
   while(k1 == 0)
   {
     delay(10);                          //延时 10 ms,消抖
     while(k1 == 0)                      //k1 放开了吗? 如果没放开什么也不做
      {  }
     TR0 = 1;                            //启动 T0
     TR1 = 1;                            //启动 T1
     TL0 = 0;                            //计数值清零
   }
}
```

小提示:

因为心跳频率较慢,1 min 不能超过计数器的最大值,所以不需要加溢出中断,如果测量信号频率较快,则应考虑计数溢出情况。

3. 软件仿真

根据设计的硬件电路以及程序源代码生成的 hex 文件,可以借助 Proteus 仿真软件进行虚拟仿真,初步验证电路及程序的正确性,以确保该任务在理论上是成功的。

从 Proteus 仿真软件的元器件库里选出此次仿真需要用到的元器件,见表 3-8。

表 3-8　Proteus 仿真元器件对照表

元　器　件	仿真元件
单片机	AT89C51
晶振	CRYSTAL
电容	CAP
按键	BUTTON

学习笔记

续表

元　器　件	仿真元件
电阻	RES
三极管	PNP
排阻	RESPACK-8
8 位数码管	7SEG-MPX8-CA
脉冲信号源	PULSE

或直接在 Keywords 文本框里按照元器件名称搜索，添加仿真元器件。仿真电路图如图 3-19 所示。

测量仪通电后，数码管全部显示 0。用一个脉冲信号来模仿传感器的采集输入信号，将脉冲信号源先打向 1.2 Hz 频率脉冲，然后点击开关 S1 启动定时和计数，随着定时的开始，管 1 和管 2 将会实时显示时间 00 ~ 60，当 60 s 定时结束后，管 4、管 5 和管 6 会显示当前测量的脉冲数“072”(以图 3-19 为例分析)，管 7 和管 8 显示“Hr”。如果偶尔出现不稳的情况，请按复位键对系统进行复位。

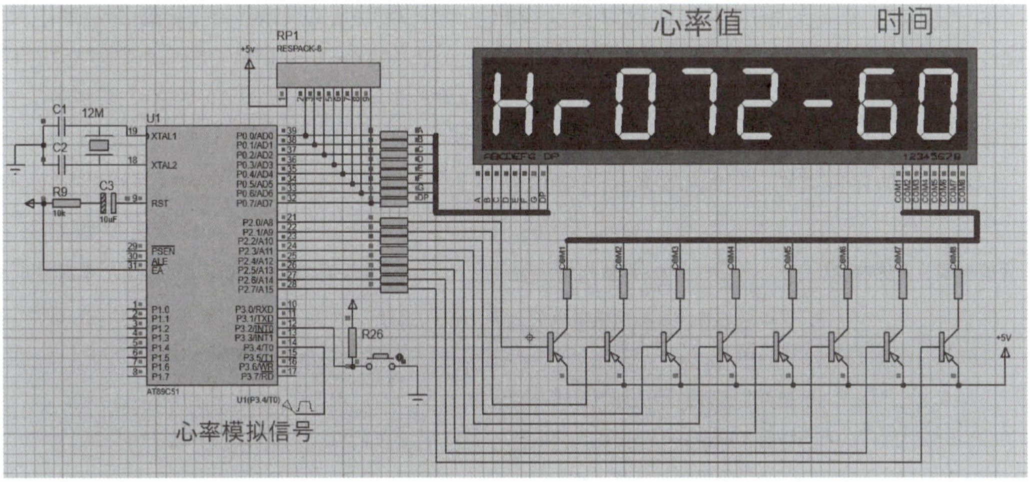

图 3-19　Proteus 仿真电路图

素材

心率测量仿真电路原理图

4. 电路制作与调试

通过 Proteus 仿真验证后，就可以着手准备实物的制作了。在任务二的基础上新增实物制作清单见表 3-9。

表 3-9　实物制作清单

名　　称	型　　号	封　　装	数　　量
运算放大器	LM741	DIP8	3
电阻	2 kΩ	AXIAL-0.3	3
电阻	3 kΩ	AXIAL-0.3	2
电阻	220 Ω	AXIAL-0.3	1
电阻	200 kΩ	AXIAL-0.3	2

学习笔记

续表

名　称	型　号	封　装	数　量
电阻	30 kΩ	AXIAL-0.3	2
电阻	10 kΩ	AXIAL-0.3	1
发光二极管	1N4007	DO-41	1
二极管	1N4148	DO-35	1
电容	3.3 μF/16 V	CS2.0×5×8	1
电容	0.4 μF/16 V	CS2.0×5×8	2
红外发射管	IR333C-A	5 mm	1
红外接收管	PT334-6B	5 mm	1
导线			若干

任务总结

本任务主要利用单片机定时/计数器实现了心率的检测。本任务的重点是数码管的动态显示和定时/计数器的精准定时计数原理及编程实现。难点是心率信号的采集和处理电路设计。

任务评价

本任务的评价类别、评价内容及所占分值见表3-10。

表3-10　任务评价

评价类别	评价内容	评价指标	分值	自我评价	小组评价	教师评价
专业知识	任务准备	是否掌握脉冲采集传感器的原理并会设计信号采集电路	5			
		是否掌握计数器的计数原理并会应用	10			
专业技能	任务实施	能够正确设计信号采集接口电路	20			
		能够编程实现计数器的精准定时和计数	10			
		能够利用 Proteus 仿真软件绘制仿真电路	15			
		能够利用仿真软件调试硬件电路及程序，并能针对出现的问题进行解决	10			
		能够焊接、调试实际电路	5			
		能够撰写任务总结报告	5			
专业素质	核心素养	能否发现问题、分析问题、创新性解决问题	5			
		能否与同学交流协作，是否有团队合作意识	5			
		学习态度是否端正，是否积极参与教学活动	5			
		工作作风是否严谨，是否自觉遵章守纪	5			
总　评			100			

学习笔记

任务拓展

在日常生活和生产实践中，经常会提到频率计，频率计是用来测量周期性信号频率的仪器。对于心率测量仪来说，心跳信号本质上是一个周期性信号，因此可以通过测量心跳信号的周期来得到心率（即心跳频率）。然而，频率计的应用范围更广，它可以测量任何周期性信号的频率，而不仅仅是心跳信号。请试着在心率测量仪的基础上拓展出一个频率范围在 50 Hz ~ 10 kHz 的频率计。

知识训练

一、填空题

1. 心率测量仪是利用________作为变换元件，把采集到的用于检测脉搏跳动的红外光转换成________，并用电子仪表进行测量和________。

2. 若使用 51 单片机的 T0 进行外部脉冲计数，应将 TMOD 寄存器的________位设置为________。

3. 单片机定时/计数器 1 工作在方式 2 时，最大的定时时间是________ ms（假设晶振频率为 12 MHz）。

二、选择题

1. 51 单片机定时/计数器 0 和定时/计数器 1 都是（　　）计数器。

A. 8 位　　B. 13 位　　C. 16 位　　D. 20 位

2. 在 51 单片机中，当 TMOD 寄存器中的 GATE 位为 1 时，定时/计数器（　　）。

A. 仅由 TRx 控制　　B. 由外部中断 INTx 和 TRx 共同控制

C. 仅由外部中断 INTx 控制　　D. 无法启动

3. 51 单片机的定时/计数器工作在方式 1 时，计数器的位数是（　　）。

A. 8 位　　B. 13 位　　C. 16 位　　D. 20 位

三、判断题

1. 51 单片机的定时/计数器 0 和定时/计数器 1 在方式 0 和方式 1 下都可以作为定时器使用。（　　）

2. 在 51 单片机中，定时/计数器的工作方式是由 TMOD 寄存器控制的。（　　）

3. 51 单片机的定时/计数器 0 在方式 2 下，只能作为定时器使用，不能作为计数器使用。（　　）

项目四

电子测温计的设计

学习笔记

项目综述

温度测量在日常生活、工业生产、医疗保健等众多领域都有着至关重要的作用。例如，在工业生产中，许多化学反应必须在适当的温度下才能进行，发电厂锅炉温度也必须控制在一定范围之内。传统的水银温度计存在读数不便、易破损、测量范围有限等缺点，而电子温度计具有快速响应、高精度、便携式、可数字显示等优点，能够很好地满足现代社会对温度测量的精确性和便捷性需求。

本项目任务要求及技术指标：

- 设计一个电子测温系统，测温范围为 10～100 ℃，误差 ±0.5 ℃。
- 电子测温系统采用热电阻采集温度，把温度转换为模拟量，通过 A/D 转换器转换为数字量，经过单片机处理后，使用 LCD1602 显示温度信息。

项目整体设计框图如图 4-1 所示，系统主要包括单片机最小系统、数据采集、信号放大、模/数转换、LCD1602 显示等。

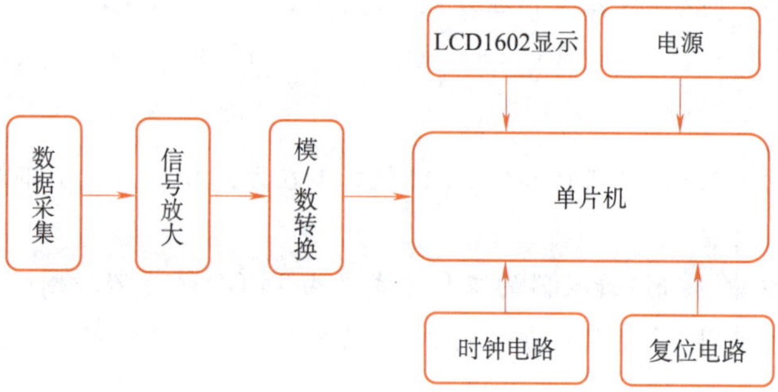

图 4-1　项目整体设计框图

项目导读

学习重点	(1)LCD1602 显示原理。 (2)ADC0809 的工作原理。 (3)温度采集电路的设计
学习难点	(1)LCD1602 液晶显示器程序编写。 (2)ADC0809 模/数转换程序编写

学习笔记

学习方法	按照项目模块,进行团队协作,仿真与实操相互印证。
建议学时	8 学时

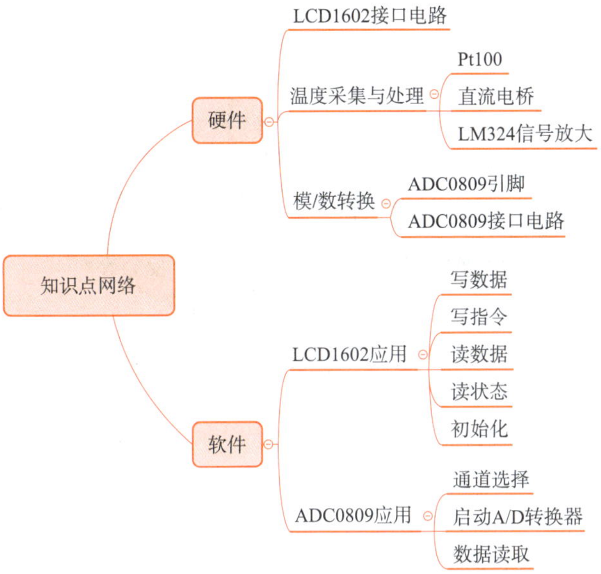

视频 认识LCD1602液晶显示屏

任务一　液晶显示模块的设计

✧ 知识目标

- 掌握 LCD1602 液晶显示的工作原理。
- 掌握 LCD1602 的指令系统。

✧ 能力目标

- 能够根据项目需求设计单片机与 LCD1602 接口电路。
- 能够根据要求编写 LCD1602 显示函数。

✧ 素质目标

- 培养发现问题、分析问题、解决问题的能力。
- 培养严谨细致的工作作风。

任务描述

液晶显示的原理是利用液晶的物理特性,通过电压对其显示区域进行控制,有电就有显示。按其显示方式分为段式、字符式、点阵式等。除了黑白显示外,液晶显示器还有多灰度、彩色显示等。

在日常生活中,液晶显示模块已作为很多电子产品的通用器件,如在计算器、万用表、电子表及很多家用电子产品中都可以看到,显示的主要是数字、专用符号和图形。

本任务在单片机最小系统的基础上,设计电子测温计的显示模块,具体任务要求:

在 LCD1602 液晶显示屏的第一行显示字符串“Temperature:”。

学习笔记

知识链接

1. 认识 LCD1602 液晶显示屏

液晶显示屏是广泛使用的一种字符型液晶显示模块，它主要应用于便携式电子产品中用来显示数字、字母、图形以及少量自定义字符，如图 4-2 所示。

图 4-2　常用液晶显示屏

本任务的显示部分，使用 LCD1602 液晶显示屏实现。它由字符型液晶显示屏（LCD）、控制驱动主电路 HD44780、扩展驱动电路 HD44100，以及少量电阻、电容元件和结构件等装配在 PCB 上而组成。分为带背光和不带背光两种，可以显示 2 行 16 个字符，芯片工作电压为 4.5～5.5 V，具体尺寸如图 4-3 所示。

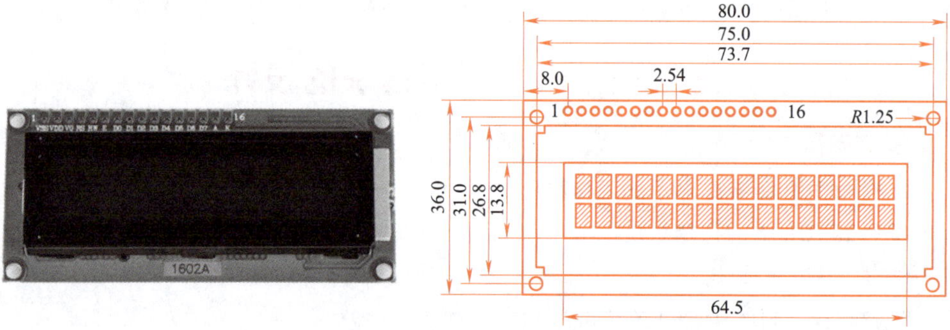

图 4-3　LCD1602 尺寸图（单位：mm）

LCD1602 拥有 16 个引脚，其中 8 位数据总线 D0～D7 和 RS、R/$\overline{W}$、E 三个控制端口，最佳工作电压为 5 V，并且带有字符对比度调节 V0 和背光源正负极 BLA、BLK，其显示界面与数码管相比较有了质的提高。外部引脚如图 4-4 所示。

视频

LCD1602显示原理

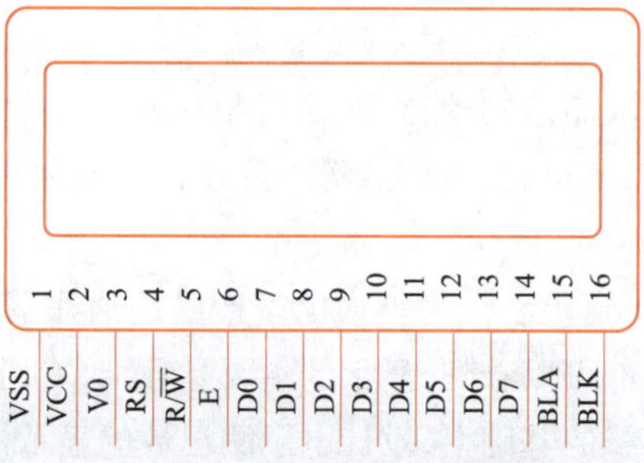

图 4-4　LCD1602 液晶显示模块外部引脚

LCD1602 采用标准的 14 引脚(无背光)或 16 引脚(带背光)接口,各引脚接口说明见表 4-1。

学习笔记

表 4-1　LCD1602 液晶显示模块引脚接口说明

引脚号	引脚名称	引脚功能含义
1	VSS	地引脚(GND)
2	VDD	+5 V 电源引脚(VCC)
3	V0	亮度调节(0~5 V),可接电位器
4	RS	数据和指令寄存器选择控制端。RS=0,选择指令寄存器;RS=1,选择数据寄存器
5	$R/\overline{W}$	读/写控制线。$R/\overline{W}=0$,写操作;$R/\overline{W}=1$,读操作
6	E	使能信号。E=1,允许对 LCD 读/写操作;E=0,禁止对 LCD 读/写操作
7~14	D0~D7	8 位数据总线,可以以 8 位方式或 4 位方式读/写数据
15	BLA	背光源正极
16	BLK	背光源负极

视频

LCD1602指令系统

LCD1602 控制驱动器 HD44780 内置了 DDRAM、CGROM 和 CGRAM。其中,DDRAM 就是显示数据存储器,用来寄存待显示的字符代码,共 80 字节,该存储器的物理地址与屏幕位置存在固定映射关系见表 4-2。LCD1602 是 2 行 16 列字符型液晶显示器,第 1 行地址为 00H~0FH,第 2 行地址为 40H~4FH,它们不连续。

表 4-2　LCD1602 显示地址编码

行号	列															
	1	2	3	4	5	6	7	8	9	10	11	12	13	14	15	16
1 行	00	01	02	03	04	05	06	07	08	09	0A	0B	0C	0D	0E	0F
2 行	40	41	42	43	44	45	46	47	48	49	4A	4B	4C	4D	4E	4F

2. LCD1602 的应用

1)LCD1602 的指令

LCD1602 液晶显示模块内部的控制器共有 11 条控制指令。液晶显示模块的读/写操作、屏幕和光标的操作都是通过指令编程来实现的。指令表见表 4-3。

表 4-3　LCD1602 指令表

编号	指令名称	控制信号		命令字							
		RS	$R/\overline{W}$	D7	D6	D5	D4	D3	D2	D1	D0
1	清屏	0	0	0	0	0	0	0	0	0	1
2	归位 home	0	0	0	0	0	0	0	0	1	×
3	输入方式设置	0	0	0	0	0	0	0	1	I/D	S
4	显示状态设置	0	0	0	0	0	0	1	D	C	B
5	光标画面滚动	0	0	0	0	0	1	S/C	R/L	×	×
6	工作方式设置	0	0	0	0	1	DL	N	F	×	×
7	CGRAM 地址设置	0	0	0	1	A5	A4	A3	A2	A1	A0
8	DDRAM 地址设置	0	0	1	A6	A5	A4	A3	A2	A1	A0

学习笔记

续表

编号	指令名称	控制信号		命令字							
		RS	R/$\overline{W}$	D7	D6	D5	D4	D3	D2	D1	D0
9	读 BF 和 AC	0	1	BF	AC6	AC5	AC4	AC3	AC2	AC1	AC0
10	写数据	1	0	要写的数据							
11	读数据	0	1	读出的数据							

注：表中的命令字含义说明详见二维码

素材

1602液晶说明

2）LCD1602 的基本操作

LCD1602 的基本操作：写指令、写数据、读状态和读数据，具体操作由 LCD1602 模块的三个控制引脚 RS、R/$\overline{W}$和 E 的不同组合状态确定，见表 4-4。在进行写指令、写数据和读数据三种操作前，必须先进行读状态操作，查询忙标志。当忙标志为 0 时，才能进行这三种操作。

表 4-4 LCD1602 的基本操作

操作时序	输　入	输　出
读状态	RS = L，R/$\overline{W}$ = H，E = H	D0 ~ D7 = 状态字
读数据	RS = H，R/$\overline{W}$ = H，E = H	无
写指令	RS = L，R/$\overline{W}$ = L，D0 ~ D7 = 指令码，E = 高脉冲	D0 ~ D7 = 数据
写数据	RS = H，R/$\overline{W}$ = L，D0 ~ D7 = 数据，E = 高脉冲	无

在进行读操作时，使能信号 E 的高电平有效，在软件设置顺序上，先设置 RS 和 R/$\overline{W}$状态，再设置 E 信号为高电平，这时从数据口读取数据，然后将 E 信号置为低电平，最后复位 RS 和 R/$\overline{W}$状态。LCD1602 读操作时序如图 4-5 所示。

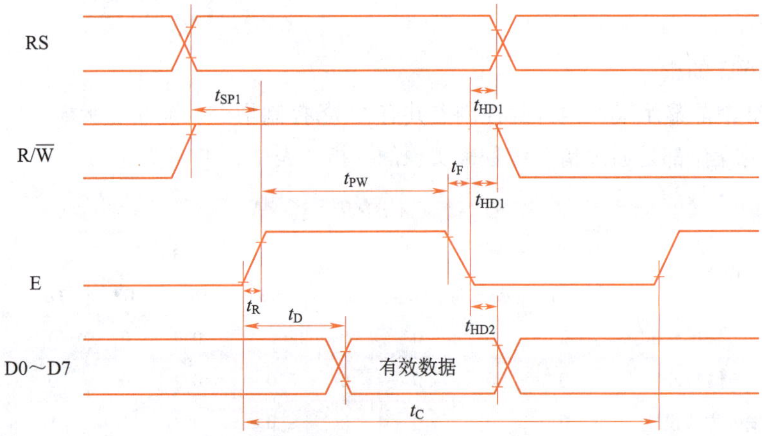

图 4-5 LCD1602 读操作时序

在写操作时，使能信号 E 的下降沿有效，在软件设置顺序上，先设置 RS 和 R/$\overline{W}$状态，再设置数据，然后产生 E 信号脉冲，最后复位 RS 和 R/$\overline{W}$状态。LCD1602 写操作时序如图 4-6 所示。时序参数含义见表 4-5。

学习笔记

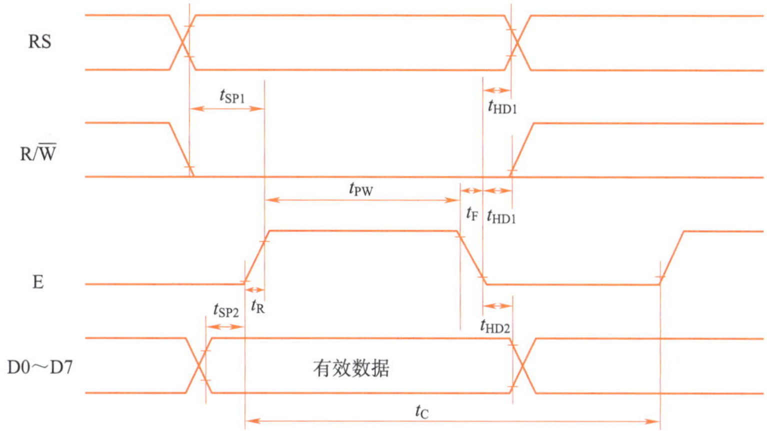

图 4-6　LCD1602 写操作时序

表 4-5　时序参数

时序参数	符号	极限值			单位
		最小值	典型值	最大值	
E 信号周期	t_C	400	—	—	ns
E 脉冲宽度	t_{PW}	150	—	—	ns
E 上升沿/下降沿时间	t_R，t_F	—	—	25	ns
地址建立时间	t_{SP1}	30	—	—	ns
地址保持时间	t_{HD1}	10	—	—	ns
数据建立时间(读操作)	t_D	—	—	100	ns
数据保持时间(读操作)	t_{HD2}	20	—	—	ns
数据建立时间(写操作)	t_{SP2}	40	—	—	ns
数据保持时间(写操作)	t_{HD2}	10	—	—	ns

任务实施

1. 硬件电路设计

单片机控制 LCD1602 液晶显示屏的实用接口电路如图 4-7 所示。单片机的 P0 口外接上拉电阻与液晶模块的 8 条数据线 D7 ~ D0 相连，P2 口的 P2.0、P2.1、P2.2 分别与液晶模块的三个控制端 RS、R/W̄、E 连接，电位器 R1 为 V0 提供可调的液晶驱动电压，用于调节显示对比度。

素材

液晶显示模块设计硬件电路图

2. 软件程序设计

1)定义 LCD1602 引脚

包括 RS、R/W̄、E，这里定义是指这些引脚分别接在单片机哪些 I/O 口上。

```
sbit LCD1602_E = P2^2;
```

学习笔记

```
sbit LCD1602_RW=P2^1;
sbit LCD1602_RS=P2^0;
unsigned char temper[]="Temperature:";      //待显示的字符
```

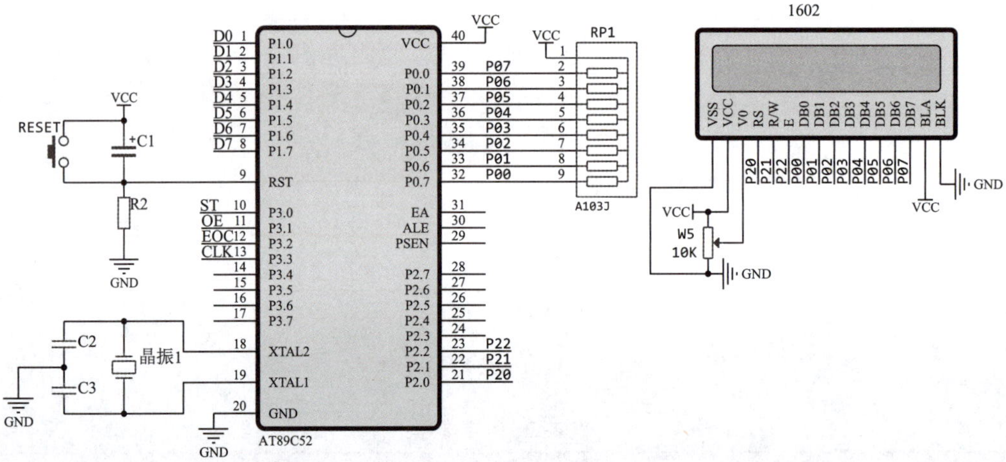

图 4-7　LCD1602 液晶显示器与单片机接口

2)忙检测子函数

通过判断最高位 BF 是 0 还是 1,就可以判断出 LCD1602 是否处于“忙”状态。

```
bit lcd_checkbusy()                      //检查 LCD 忙
{
    unsigned int lcdstate;
    LCD1602_RS=0;                        //LCD1602_RS=1 为数据,=0 为命令
    LCD1602_RW=1;                        //LCD1602_RW=1 为读,=0 为写
    LCD1602_E=1;                         //LCD1602_E=1 选通
    Lcd1602_Delay1ms(1);                 //延时
    lcdstate=LCD1602_DATAPINS;
    LCD1602_E=0;
    return((bit)(lcdstate&0x80));        //屏蔽低 7 位
}
```

3)写入指令子函数

根据表 4-3 可以完成清屏、光标画面滚动等写命令操作。

```
void LcdWriteCom(uchar com)              //写入命令
{
    while(lcd_checkbusy());              //判忙
    LCD1602_E=0;                         //使能
    LCD1602_RS=0;                        //选择发送命令
    LCD1602_RW=0;                        //选择写入
    LCD1602_DATAPINS=com;                //放入命令
    Lcd1602_Delay1ms(1);                 //等待数据稳定
    LCD1602_E=1;                         //写入时序
    Lcd1602_Delay1ms(5);                 //保持时间
    LCD1602_E=0;
}
```

素材

液晶显示模块设计源代码

学习笔记

4)写入数据子函数

```
void LcdWriteData(uchar dat)            //写入数据
{
    while(lcd_checkbusy());             //判忙
    LCD1602_E=0;                        //使能清零
    LCD1602_RS=1;                       //选择输入数据
    LCD1602_RW=0;                       //选择写入
    LCD1602_DATAPINS=dat;               //写入数据
    Lcd1602_Delay1ms(1);
    LCD1602_E=1;                        //写入时序
    Lcd1602_Delay1ms(5);                //保持时间
    LCD1602_E=0;
}
```

5）初始化

主要任务是设置 LCD 的工作方式、显示状态、清屏、输入方式、光标位置等。使用命令字对 LCD 进行初始化的程序如下：

```
void LcdInit()                          //LCD 初始化子程序
{
    LcdWriteCom(0x38);                  //开显示
    LcdWriteCom(0x0c);                  //开显示不显示光标
    LcdWriteCom(0x06);                  //写一个指针加 1
    LcdWriteCom(0x01);                  //清屏
    LcdWriteCom(0x80);                  //设置数据指针起点
}
```

3. 虚拟仿真

根据设计的硬件电路以及程序源代码生成的 hex 文件，可以借助 Proteus 仿真软件进行虚拟仿真，初步验证电路及程序的正确性，以确保该任务在理论上是成功的。

从 Proteus 仿真软件的元器件库里选出此次仿真需要用到的元器件，见表 4-6。

表 4-6　Proteus 仿真元件对照表

元　器　件	仿真元件
单片机	AT89C52
液晶显示	LCD1602
电阻排	RESPACK-8
晶振	CRYSTAL
非极性电容	CAP
极性电容	CAPACITOR POL
电阻	RES

素材

液晶显示模块设计仿真图

或直接在 Keywords 文本框里按照元器件名称搜索，添加仿真元器件。仿真电路图如图 4-8 所示。

学习笔记

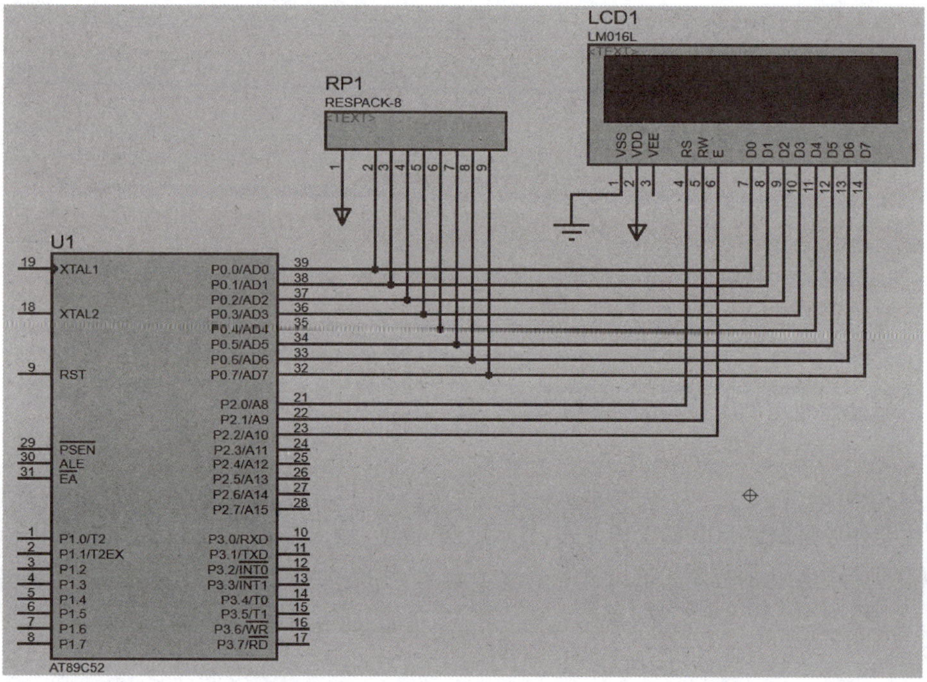

图 4-8　仿真电路图

4. 电路制作与调试

通过 Proteus 仿真验证后，就可以着手准备实物的制作了。本任务实物制作清单见表 4-7。

表 4-7　实物制作清单

名　称	型　号	封　装	数　量
单片机	STC89C52	双列直插 DIP40	1
IC 底座	40 引脚	双列直插 DIP40	1
晶振	12 MHz	HC-49S	1
电阻	10 kΩ	AXIAL-0. 3	1
电阻排	1 kΩ	HDR1X9	1
电容	30 pF	RAD-0. 1	2
液晶显示屏	LCD1602	直插	1
导线			若干

任务总结

本任务利用单片机控制 LCD1602 实现了字符的显示。本任务的重点是实现单片机和 LCD1602 的接口电路设计，难点是 LCD1602 的初始化、读、写操作函数的灵活应用。

任务评价

本任务的评价类别、评价内容及所占分值见表 4-8。

学习笔记

表 4-8 任务评价

评价类别	评价内容	评价指标	分值	自我评价	小组评价	教师评价
专业知识	任务准备	是否理解 LCD1602 及显示原理	5			
		是否会 LCD1602 读/写函数的编写	5			
专业技能	任务实施	能够正确设计 LCD1602 接口电路	20			
		能够编程实现文字信息的正确显示	10			
		能够利用 Proteus 仿真软件绘制仿真电路	20			
		能够利用仿真软件调试硬件电路及程序,并能针对出现的问题进行解决	10			
		能够焊接、调试实际电路	5			
		能够撰写任务总结报告	5			
专业素质	核心素养	能否发现问题、分析问题、创新性解决问题	5			
		能否与同学交流协作,是否有团队合作意识	5			
		学习态度是否端正,是否积极参与教学活动	5			
		工作作风是否严谨,是否自觉遵章守纪	5			
总评			100			

任务拓展

利用本任务所学知识,在液晶屏第 1 行显示“I LOVE CHINA”,第 2 行显示“1949. 10. 1”。

知识训练

选择题

1. LCD1602 模块的 RS = 1, R/$\overline{\text{W}}$ = 1, 表示(　　)。
   A. 数据寄存器写入　　B. 数据寄存器读出
   C. 指令寄存器写入　　D. 忙信号读出
2. 下列(　　)可以实现 LCD1602 关显示的功能。
   A. wr_1602(0x38,0)　　B. wr_1602(0x0c,0)
   C. wr_1602(0x01,0)　　D. wr_1602(0x08,0)
3. 当操作 LCD1602 时, RS = 1, R/$\overline{\text{W}}$ = 0, 表示(　　)。
   A. 写入地址到 CGRAM　　B. 写入地址到 DDRAM
   C. 写入数据到 CGRAM 或 DDRAM　　D. 从 CGRAM 或 DDRAM 读出数据
4. 对 LCD1602 进行写命令操作,则要求(　　)。
   A. RS = 0, R/$\overline{\text{W}}$ = 0　　B. RS = 0, R/$\overline{\text{W}}$ = 1
   C. RS = 1, R/$\overline{\text{W}}$ = 0　　D. RS = 1, R/$\overline{\text{W}}$ = 1
5. LCD1602 的使能端 E,在引脚上出现(　　)后,模块执行命令。
   A. 低电平　　B. 高电平
   C. 负跳变　　D. 正跳变

学习笔记

任务二 温度采集功能设计

✧ 知识目标

■ 掌握 Pt 100 的工作原理。

■ 掌握常用模/数转换器 ADC0809 的工作原理。

✧ 能力目标

■ 能够根据项目需求设计温度采集电路。

■ 能够根据要求编写 A/D 转换器的转换函数。

✧ 素质目标

■ 培养发现问题、分析问题、解决问题的能力。

■ 培养严谨细致的工作作风。

任务描述

本任务主要包括温度信号采集、信号放大、模/数转换、单片机数据处理四个部分。

以 AT89C52 单片机系统为核心。采用 Pt 100 对温度信号进行实时检测采集并且转换成电压信号，通过放大及模/数转换后，将温度信号转换为数字信号，经单片机根据公式换算把测量数据换算为温度值，显示在 LCD1602 上。

具体任务要求如下：

设计温度采集电路，完成温度测量，温度测量范围为 10 ~ 100 ℃，检测精度为 ±0.5 ℃，温度值显示在 LCD1602 上。

知识链接

1. 热电阻及电桥电路

视频

热电阻及电桥

1）热电阻

金属热电阻一般适用于 200 ~ 500 ℃范围内的温度测量，其特点是测量准确、稳定性好、性能可靠，广泛应用于电子产品的温度控制模块设计。

目前应用最广泛的金属热电阻材料是铂和铜，其中铂电阻精度高，适用于中性和氧化性介质，稳定性好，具有一定的非线性，温度越高电阻变化率越小。本任务选择的 Pt 100 应用最为广泛，如图 4-9 所示。

Pt 100 温度传感器为正温度系数热电阻传感器，主要技术参数如下；

（1）测温范围为 −200 ~ +850 ℃。

（2）允许偏差值：Pt 100-A 级精度为 $\pm(0.15+0.002|t|)$℃，Pt 100-B 级精度为 $\pm(0.30+0.005|t|)$℃，其中 t 为测量温度。

（3）响应时间 <30 s。

（4）最小置入深度≥200 mm。

（5）允通电流≤5 mA。

Pt 100 温度传感器还具有抗振动、稳定性好、准确度高、耐高压等优点。

学习笔记

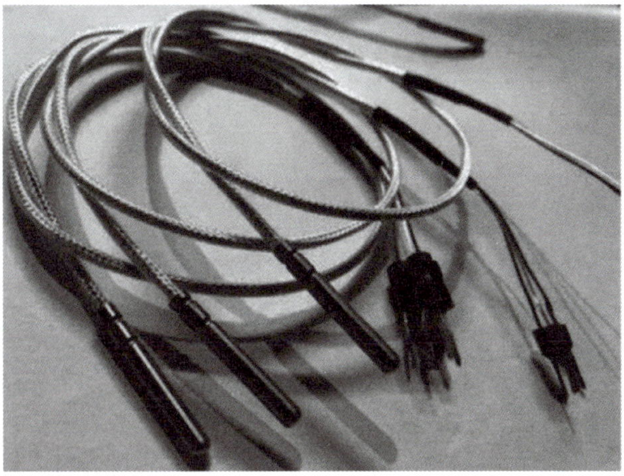

图 4-9　Pt 100 温度传感器

Pt 100 的阻值会随着温度的变化而改变，它在 0 ℃时阻值为 100 Ω，在 100 ℃时阻值约为 138.5 Ω。它的工作原理是：当 Pt 100 在 0 ℃的时候阻值为 100 Ω，它的阻值随着温度上升而成近似匀速的增长，因此 Pt 100 为正温度系数热敏电阻（PTC）。Pt 100 电阻与温度的关系曲线如图 4-10 所示。

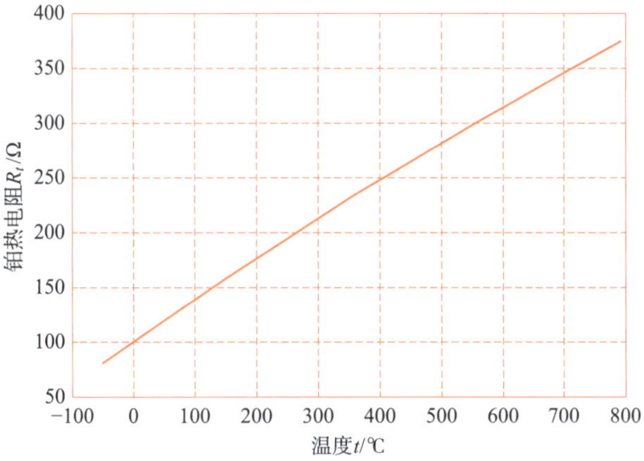

图 4-10　Pt 100 电阻与温度的关系曲线

素材

Pt 100手册

铂热电阻的阻值随温度的变化而变化的计算公式：

（1）当温度范围在 $-100 < t < 0$ ℃时，$R_t = R_0[1 + At + Bt^2 + C(t - 100)t^3]$。

（2）当温度范围在 $0 < t < 800$ ℃时，$R_t = R_0(1 + At + Bt^2)$。

其中，Rt 为 t ℃时的电阻值；R_0 为 0 ℃时的电阻值；A、B、C 为实验测定值。标准的系数为 $A = 3.9083 \times 10^{-3}$；$B = -5.775 \times 10^{-7}$；$C = -4.183 \times 10^{-12}$。

Pt 100 热电阻部分温度与阻值对照表见表 4-9。Pt 100 热电阻温度与阻值对照表的制作是通过在一定范围内测量 Pt 100 热电阻的阻值和相应的温度值来完成的，将这些数据以图形和标度的形式呈现可以更方便使用。Pt 100 热电阻温度与阻值对照表是针对 Pt 100 热电阻进行制作的。如果需要使用其他类型的热电阻，可查找相应的温度与阻值对照表。同时，在使用温度与阻值对照表时，应注意其温度测量范围是否覆盖所测量的温度范围，以及其准确

学习笔记

性和可靠性是否有保证，以避免温度误差的产生。

表 4-9　Pt 100 热电阻部分温度与阻值对照表

温度/℃	阻值/Ω	温度/℃	阻值/Ω	温度/℃	阻值/Ω
-200	18.49	10	103.9	210	179.51
-190	22.8	20	107.79	220	183.17
-180	27.08	30	111.67	230	186.32
-170	31.32	40	115.54	240	190.45
-160	35.53	50	119.4	250	194.07
-150	39.71	60	123.24	260	197.69
-140	43.87	70	127.07	270	201.29
-130	48.00	80	130.89	280	204.88
-120	52.11	90	134.7	290	208.45
-110	56.19	100	138.5	300	212.02
-100	60.25	110	142.29	310	215.57
-90	64.3	120	146.06	320	219.12
-80	68.33	130	149.82	330	222.65
-70	72.33	140	153.58	340	226.17
-60	76.33	150	157.31	350	229.67
-50	80.31	160	161.04	360	233.17
-40	84.27	170	164.76	370	236.65
-30	88.22	180	168.46	380	240.13

2）电桥电路

被测温度信息的采集由 Pt 100 完成，其阻值随当前温度变化而变化，需要将被测电阻信息转换成电信号，即把被测信号转换成电压信号输出。电压信号还需要放大，这项工作由运算放大器来实现。本任务中，电桥可以实现电阻到电压信号的转换。

电桥是将电阻、电感、电容等参数变化变换为电压或电流输出的一种测量电路。根据电桥电源不同，电桥可分为直流电桥和交流电桥。本任务使用直流电桥。

直流电桥的桥臂全为电阻，如图 4-11 所示。电阻 R_1、R_2、R_3、R_4 作为四个桥臂，U 为直流电源（电源端），U_0 为输出电压（测量端）。测量时，常用等臂电桥，即 $R_1=R_2=R_3=R_4$ 或电源端对称电桥，即 $R_1=R_2$，$R_3=R_4$。

可以将 R_1 用 Pt 100 热电阻替代。温度变化时，U_0 将随之产生毫伏级的变化。

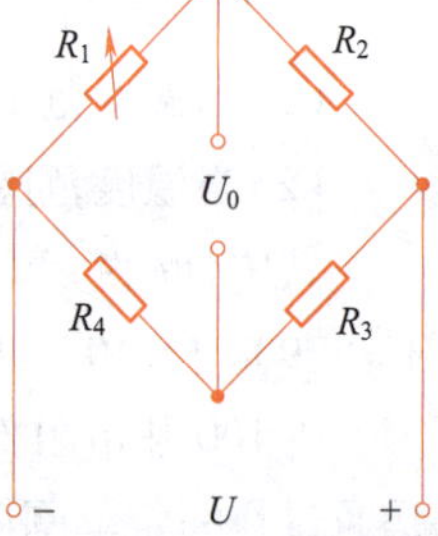

图 4-11　直流电桥

2. 信号放大电路

温度变化时，Pt 100 阻值发生变化，这个变化是毫伏级的，需要经过运算放大器放大输出合适的大小，进入下一级。本任务选择 LM324。

LM324 是四运放集成电路，它采用 14 引脚双列直插塑料(陶瓷)封装。它的内部包含四组形式完全相同的运算放大器，除电源共用外，四组集成运放相互独立。

每一个运算放大器可用图 4-12(a)所示符号表示，它有 5 个引出脚，其中"＋"和"－"为两个信号输入端，V_+、V_- 为正、负电源，V_o 为输出端。两个信号输入端中，V_{i-} 为反相输入端，表示集成运放输出端 V_o 的信号与该输入端的相位相反；V_{i+} 为同相输入端，表示集成运放输出端 V_o 的信号与该输入端的相位相同。引脚分布如图 4-12(b)所示。

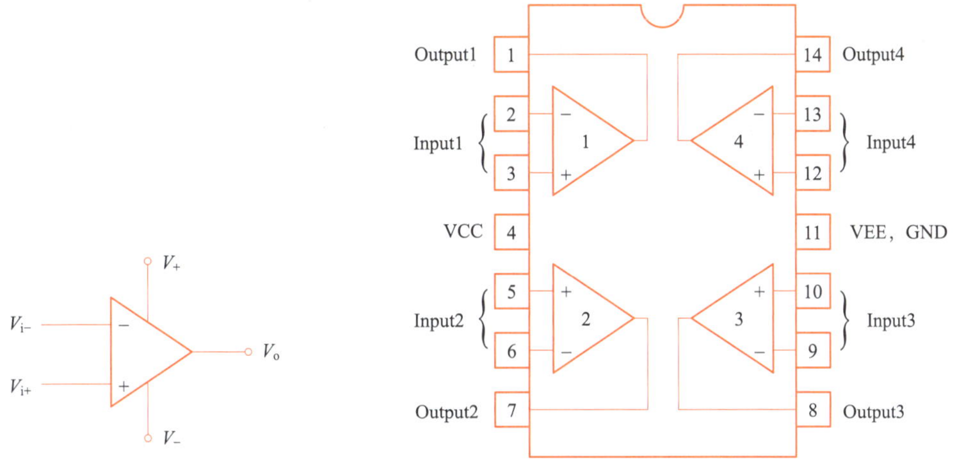

(a) 图形符号　　(b) 引脚分布

图 4-12　运算放大器图形符号及 LM324 引脚分布图

3. 模/数转换电路 ADC0809

本任务选择 ADC0809，它是带有 8 位、8 通道的逐次逼近式 A/D 转换器，它可以和单片机直接接口。它是目前国内最广泛的 8 位通用的 A/D 转换器。ADC0809 引脚图如图 4-13 所示。

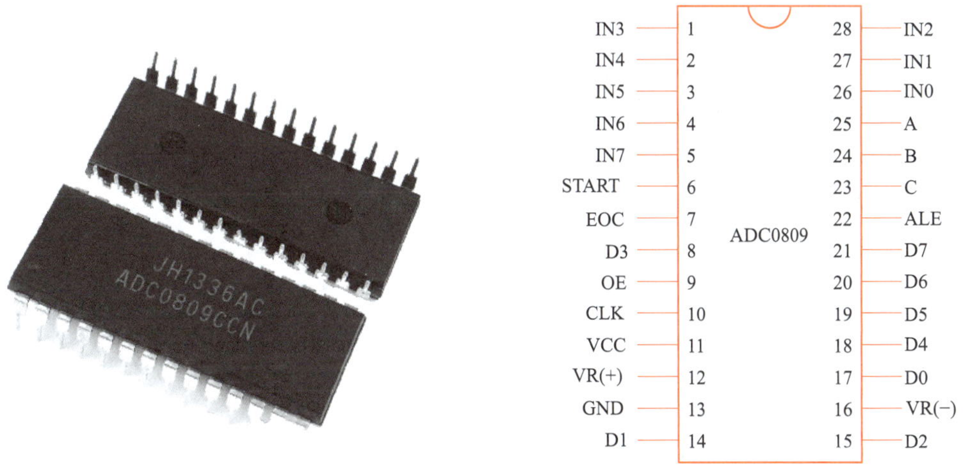

图 4-13　ADC0809 引脚图

学习笔记

视频　信号放大电路

素材　ADC0809 手册

学习笔记

视频
模/数转换电路 ADC0809

ADC0809 由一个 8 路模拟开关、一个地址锁存与译码器、一个 A/D 转换器和一个三态输出锁存器组成。多路开关可选通 8 个模拟通道，允许 8 路模拟量分时输入，共用 A/D 转换器进行转换。三态输出锁存器用于锁存 A/D 转换完的数字量，当 OE 端为高电平时，才可以从三态输出锁存器取走转换完的数据。ADC0809 引脚功能如下：

(1)IN0 ~ IN7：8 条模拟量输入通道。ADC0809 对输入模拟量要求：信号单极性，电压范围是 0 ~ 5 V，若信号太小，必须进行放大；输入的模拟量在转换过程中应该保持不变。若模拟量变化太快，则需在输入前增加采样-保持电路。

(2)ALE 为地址锁存允许输入线，高电平有效。当 ALE 线为高电平时，地址锁存与译码器将 A、B、C 三条地址线的地址信号进行锁存，经译码后被选中的通道的模拟量送入转换器进行转换。

(3)A、B 和 C 为地址输入线。8 路模拟开关的三条地址线，通过给予不同取值可分别选择 IN0 ~ IN7 作为模拟信号的输入通道。ADC0809 通道选择表见表 4-10。

表 4-10　ADC0809 通道选择表

通　道	C	B	A
IN0	0	0	0
IN1	0	0	1
IN2	0	1	0
IN3	0	1	1
IN4	1	0	0
IN5	1	0	1
IN6	1	1	0
IN7	1	1	1

(4)D0 ~ D7 为八位 A/D 转换结果输出线。

(5)CLK 为时钟输入信号线。因 ADC0809 的内部没有时钟电路，所需时钟信号必须由外界提供，通常使用频率为 500 kHz。

(6)VR(+)，VR(-)为参考电压输入。

(7)START：A/D 转换启动信号，上升沿复位 A/D，下降沿启动 A/D。

(8)EOC：A/D 转换结束信号。A/D 转换时变为低电平，转换结束后变为高电平。

ADC0809 应用须知：

(1)ADC0809 内部带有输出锁存器，可以与单片机直接相连。

(2)初始化时，使 START 和 OE 信号全为低电平。

(3)送要转换的那一通道的地址到 A、B、C 端口上。

(4)在 START 给出一个至少有 100 ns 宽的正脉冲信号。

(5)是否转换完毕，可根据 EOC 信号来判断。

(6)当 EOC 变为高电平时，给 OE 高电平，转换的数据输出给单片机。

ADC0809 的时序图如图 4-14 所示。

学习笔记

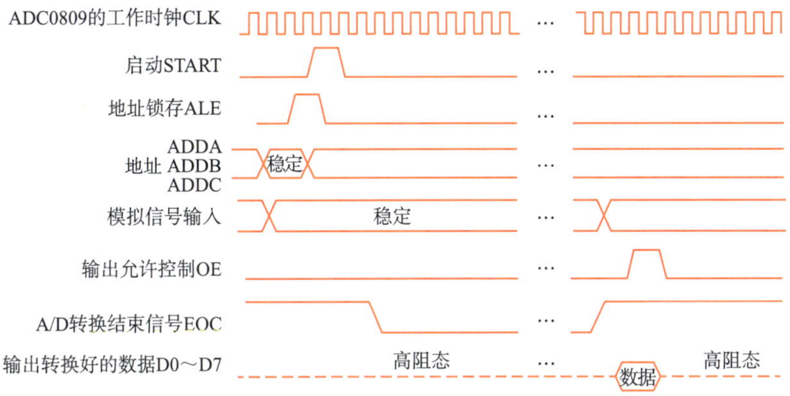

图 4-14　ADC0809 时序图

任务实施

1. 硬件电路设计

1）温度检测电路设计

在温度检测电路设计中，将 Pt 100 接入电桥电路中，当外界温度发生变化时，Pt 100 的阻值发生相应的变化，通过电桥电路将温度信号转换为电压信号输出，如图 4-15 所示。

素材

温度采集功能设计硬件电路图

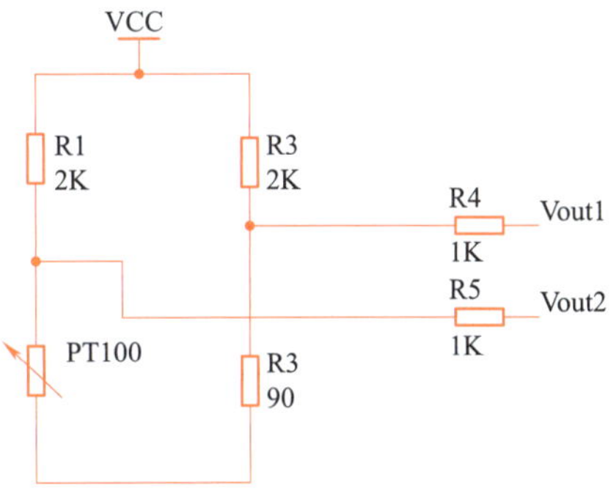

图 4-15　温度检测电路

2）放大电路设计

热电阻测温是基于金属导体的电阻值随温度的增加而增加这一特性来进行温度测量的。通常将其放在电桥的桥臂上，温度变化时，热电阻两端的电压信号被送到放大器 LM324 的输入端，经过放大器放大后的电压信号（IN0）送给 A/D 转换芯片模拟信号输入端，从而把热电阻的阻值转换成数字量。放大电路原理图如图 4-16 所示。

3）模数转换电路

模拟信号输入口选择 ADC0809 通道 IN0，此时，A、B、C 都接地（都为低电平 0），8 位数据端由低到高依次接单片机 P1.0 ~ P1.7，启动信号 START 接单片机 P3.0。由于 ADC0809 没有内部时钟信号，因此单片机 P3.3 产生 640 Hz 信号提供给 ADC0809 的 CLK。模/数转换电路如图 4-17 所示。

学习笔记

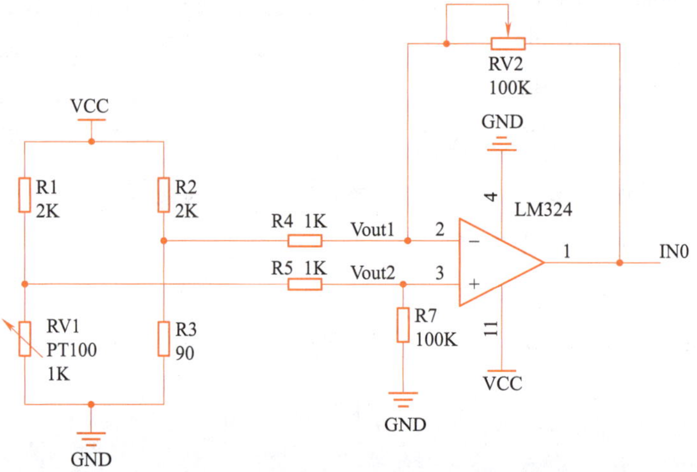

图 4-16　放大电路原理图

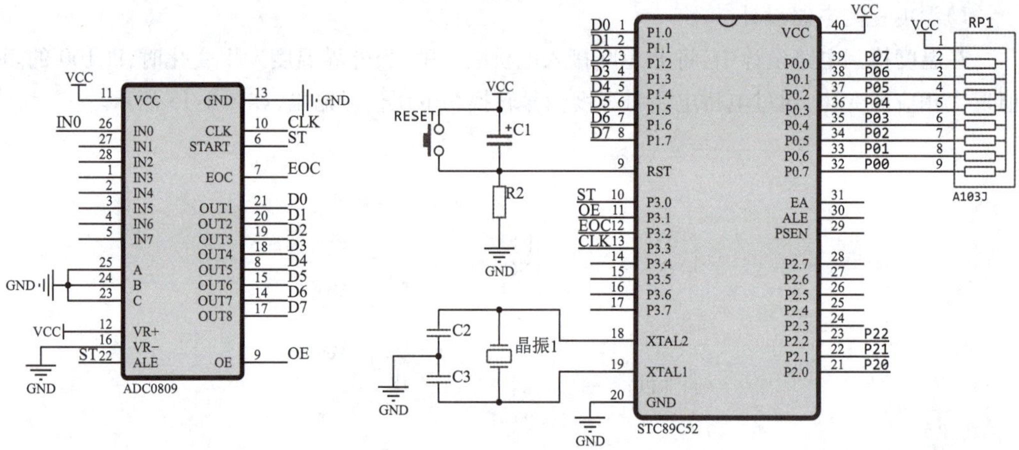

图 4-17　模/数转换电路

2. 软件程序设计

程序主要由主程序和子程序两部分构成。主程序包括系统的初始化、A/D 转换、数据处理、数据显示。

系统的初始化包括寄存器、ADC0809 、LCD1602、数据的初始化；A/D 转换实现模拟量转换为数字量；数据处理主要实现将信号采集电路监测到的电压信号数字量转换成 LCD 显示所需的温度值。子程序主要有 LCD1602 显示子程序、延时子程序等，主程序流程图如图 4-18 所示。

素材

温度采集功能源代码

参考主程序如下：

```
void main(void)
{
  LcdInit();                        //液晶屏初始化
  START=0;                          //不启动 A/D 转换
```

学习笔记

```
OE = 0;                         //不输出结果
ET0 = 1;
EA = 1;                         //开定时器 0 中断
TMOD = 0x12;                    //定时器 0 方式 2
TH0 = 216;
TL0 = 216;                      //定时 40 μs, 12.5 kHz
TR0 = 1;                        //启动定时器 0
START = 1;                      //复位 A/D 转换
START = 0;                      //启动 A/D 转换
P1 = 0xff;
while(1)
{
  START = 0;
  START = 1;
  START = 0;                    //重新启动 A/D 转换
  while(! EOC);                 //等待转换完成
  OE = 1;                       //允许输出
  getdata = P1;                 //采集 A/D 转换输出结果
  OE = 0;                       //禁止输出
  temp = getdata* 0.0195;       //放大器输出电压
  Vpt = ((temp/50.0 +0.215));   //Pt 100 电压
  Rpt = (Vpt* 2000)/(5 - Vpt);
  tempter = (int)((Rpt -100)/0.39083)* 10);
  bai = tempter/1000;
  shi = tempter% 1000/100;
  ge = tempter% 1000% 100/10;
  shifen = tempter% 1000% 100% 10;
```

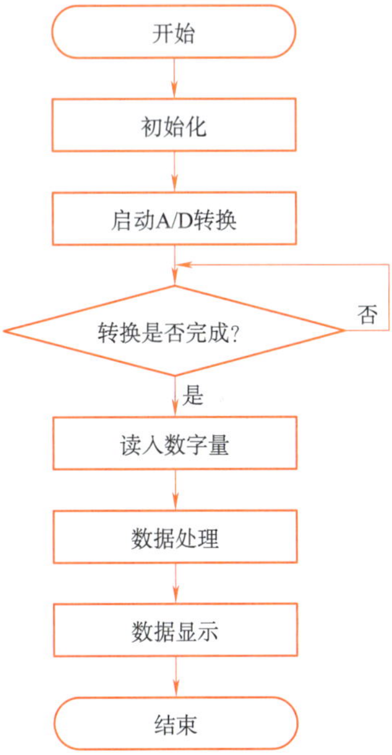

图 4-18　主程序流程图

学习笔记

```
    DisplayOneChar(0,0,bai +0x30);
    DisplayOneChar(1,0,shi +0x30);
    DisplayOneChar(2,0,ge +0x30);
    DisplayOneChar(3,0,'.');
    DisplayOneChar(4,0,shifen +0x30);
  }
}
```

小提示：

0x30 是字符'0'的数值，加 0x30 表示字符'0'以上的数字，如 0x30 +3 就表示是字符'3'。

3. 软件仿真

根据设计的硬件电路以及程序源代码生成的 hex 文件，可以借助 Proteus 仿真软件进行虚拟仿真，初步验证电路及程序的正确性，以确保该任务在理论上是成功的。

从 Proteus 仿真软件的元器件库里选出此次仿真需要用到的元器件，见表 4-11。

表 4-11　Proteus 仿真元件对照表

元　器　件	仿真元件
单片机	AT89C52
液晶显示器	LCD1602
可调电阻	POT
晶振	CRYSTAL
非极性电容	CAP
极性电容	CAPACITOR POL
电阻	RES
放大器	LM324
A/D 转换器	ADC0809

或直接在 Keywords 文本框里按照元器件名称搜索，添加仿真元器件。仿真电路图如图 4-19 所示。

4. 电路制作与调试

通过 Proteus 仿真验证后，就可以着手准备实物的制作了。本任务实物制作清单见表 4-12。

表 4-12　实物制作清单

名　称	型　号	封　装	数　量
单片机	STC89C52	双列直插 DIP40	1
A/D 转换器	ADC0809	双列直插 DIP28	1
热电阻	Pt 100		
晶振	12 MHz	HC-49S	1

学习笔记

续表

名　称	型　号	封　装	数　量
电阻	10 kΩ	AXIAL-0.3	1
放大器	LM324	双列直插 DIP14	
电容	30 pF	RAD-0.1	2
液晶屏	LCD1602	直插	1
导线			若干

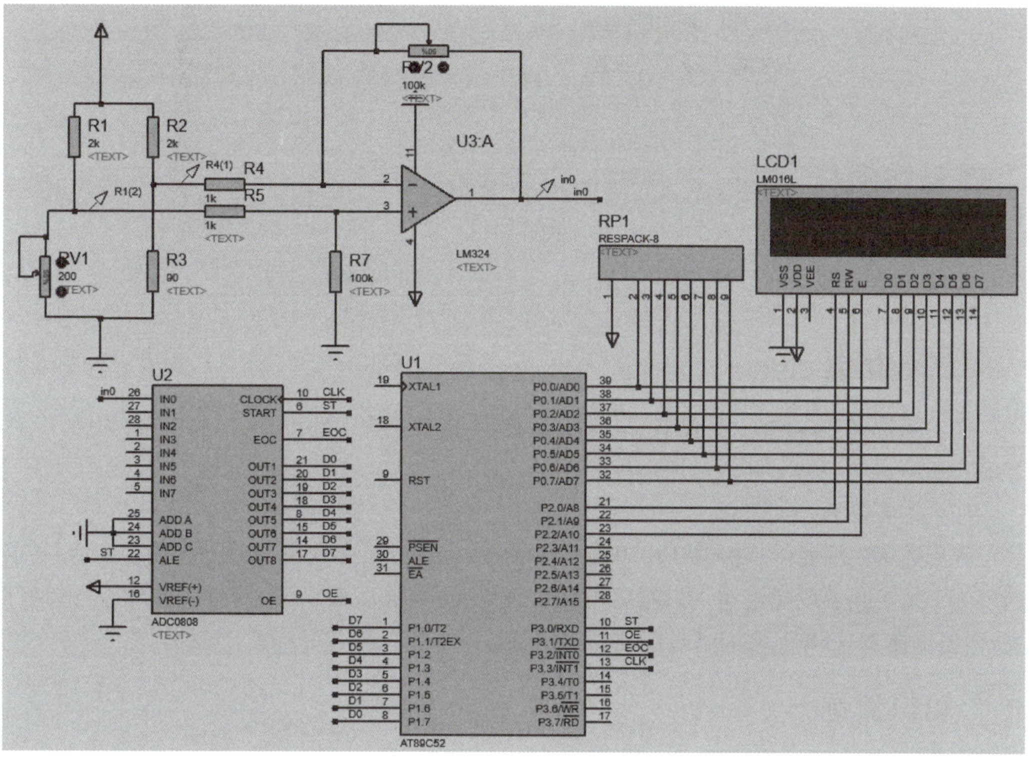

图 4-19　仿真电路图

素材

温度采集功能设计仿真图

任务总结

本任务是以温度采集及检测为总目标，以 STC89C52 单片机最小应用系统为总控制中心，辅助设计有温度采样电路、电压放大电路、A/D 转换电路、LCD1602 液晶显示器对温度进行显示等。其中，完成了温度检测信号获取和放大该信号电路的设计。了解了 STC89C52 单片机的结构、使用优点、使用环境，以及模/数转换电路的设计。最终的测试结果达到了预期的要求。

任务评价

本任务的评价类别、评价内容及所占分值见表 4-13。

学习笔记

表 4-13 任务评价

评价类别	评价内容	评价指标	分值	自我评价	小组评价	教师评价
专业知识	任务准备	是否理解 Pt 100 热电阻的工作原理	5			
		是否掌握 ADC0809 的使用方法	5			
专业技能	任务实施	能够正确设计 ADC0809 接口电路	20			
		能够编程实现温度值的正确显示	10			
		能够利用 Proteus 仿真软件绘制仿真电路	20			
		能够利用仿真软件调试硬件电路及程序，并能针对出现的问题进行解决	10			
		能够焊接、调试实际电路	5			
		能够撰写任务总结报告	5			
专业素质	核心素养	能否发现问题、分析问题、创新性解决问题	5			
		能否与同学交流协作，是否有团队合作意识	5			
		学习态度是否端正，是否积极参与教学活动	5			
		工作作风是否严谨，是否自觉遵章守纪	5			
总评			100			

任务拓展

在实际温度测量中，想要进一步提高测量精度，可以考虑选择数字式温度传感器 DS18B20。

任务拓展要求：

利用数字式温度传感器 DS18B20 制作一个数字温度计，并利用 LCD1602 进行显示，要求精度为 1 ℃。当温度超过 38 ℃，报警电路中红灯亮；当温度低于 36 ℃时，报警电路中绿灯亮；当温度在 36 ~ 38 ℃之间，绿灯和红灯都不亮。

知识训练

一、填空题

1. A/D 转换器用于实现________量到________量的转换。
2. ADC0809 的 D7 ~ D0 为输出数据端，其中______是最高位 MSB，______是最低位 LSB。

二、选择题

1. START(　　)时启动 A/D 转换。

   A. 低电平　　B. 上升沿　　C. 高电平　　D. 下降沿

2. 启动 A/D 转换后，直到 EOC 变为(　　)，指示 A/D 转换结束，结果数据存入锁存器。

   A. 低电平　　B. 上升沿　　C. 高电平　　D. 下降沿

3. 用金属热电阻 Pt 100 测温，温度增加时，其电阻值(　　)。

   A. 变大　　B. 变小　　C. 不变　　D. 不能确定

4. Pt 100 在 0 ℃时电阻值为(　　)。

   A. 0 Ω　　B. 53 Ω　　C. 101.1 Ω　　D. 100 Ω

项目五

基于串口通信的设备监控系统设计

项目综述

学习笔记

通信是一种信息交换，从古代鸿雁传书到现代北斗导航以及5G通信，通信对人们的生活产生了深远影响。单片机通信是一种广泛应用的通信方式，可以实现设备间的数据传输和信息交换。通过单片机通信，可以实现对远程外围设备的控制和监测，同时也可以实现与其他单片机的数据交换和协同工作。在工业自动化、智能家居、医疗设备等领域，单片机通信被广泛应用。本项目将重点探究单片机串口通信，利用串口通信实现单片机与单片机双机通信以及单片机与计算机的通信。

本项目主要实现远程设备的控制系统。项目任务要求及技术指标：

- 本系统由单片机甲机、乙机以及上位机（计算机）构成，甲机负责与上位机及乙机通信，乙机负责控制设备；
- 上位机发送命令可以实现远程设备的启动及关闭；
- 远程设备与上位机之间采用无线连接方式。

要完成整个系统的设计，可以分为单片机与上位机通信、单片机与单片机通信两个模块任务来实现。项目整体设计框图如图5-1所示。

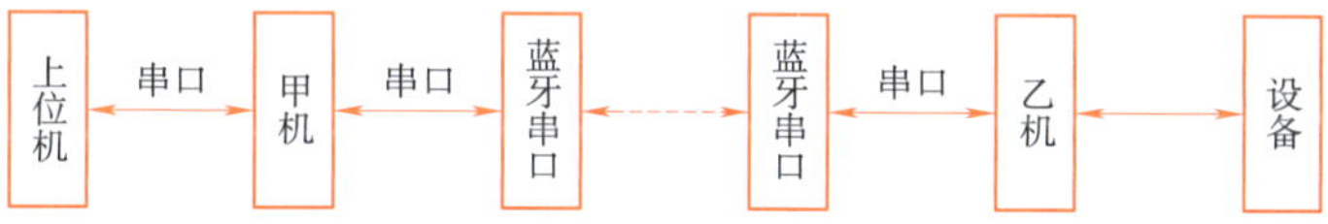

图5-1　项目整体设计框图

项目导读

学习重点	（1）单片机串口工作原理。 （2）波特率及其计算。 （3）串口通信程序设计
学习难点	（1）波特率计算。 （2）通信收发程序调试
学习方法	先借助虚拟串口以及Proteus仿真中的虚拟仪器进行串口收发程序的测试，再搭建实际电路进行综合调试
建议学时	8学时

学习笔记

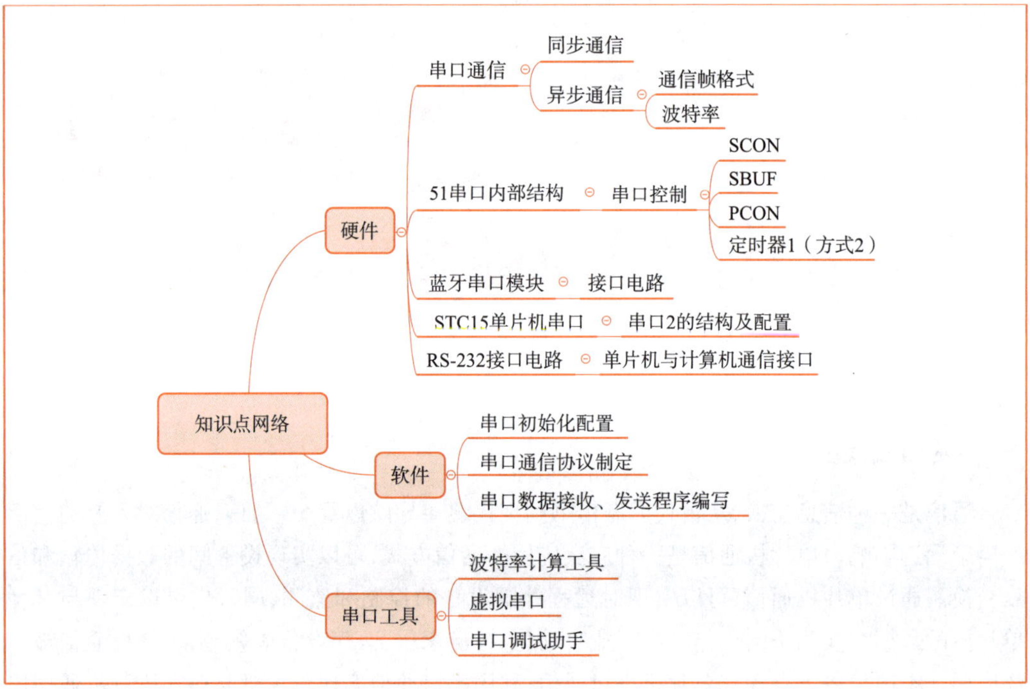

任务一　基于蓝牙串口的双机通信设计

✧ 知识目标

- 掌握串口通信原理。
- 掌握 51 系列单片机串行通信控制。
- 掌握蓝牙串口模块的使用。

✧ 能力目标

- 能够设计单片机与蓝牙串口模块通信电路。
- 能够根据要求编写串口通信接收与发送程序。

✧ 素质目标

- 培养自主设计能力，锻炼独立思维与创新思维。
- 培养诚实守信、遵纪守法意识。
- 增强国家、民族认同感和自豪感。

任务描述

双机通信在实际应用中具有广泛的应用价值。通过单片机之间的双机通信，一方面可以实现系统中各个设备的联动和协同工作；另一方面，随着无线通信技术的发展，无线双机通信将逐渐成为主流，实现更便捷和灵活的通信方式。

本任务具体要求如下：

(1) 甲机与乙机通信距离为 10 m 左右（采用无线连接方式）；

(2) 甲机通过两个按键给乙机发送命令，乙机根据甲机发送的命令打开或关闭相应的设备(本任务采用 8 个 LED 代替相应设备)。

学习笔记

知识链接

1. 串口通信基础

1)并行通信和串行通信

计算机与外界进行信息交换称为通信。通信的基本方式可分为并行通信和串行通信。并行通信是指数据的各位同时进行传送的通信方式;串行通信是指数据的各位一位一位依次传输的通信方式,两种通信方式电路示意图如图 5-2 所示,两种通信方式之间的区别见表 5-1。

(a)并行通信方式电路示意图　　(b)串行通信方式电路示意图

图 5-2　并行、串行通信方式电路示意图

表 5-1　并行通信与串行通信的比较

比 较 项	并行通信	串行通信
数据传送特点	数据的各位同时传送	数据一位一位顺序传送
传输速度	快	慢
通信成本	高,传输线多	低,传输线少
适用场合	近距离通信,如 CPU 与内部寄存器及接口之间多采用并行传输	远距离通信,单片机与外设之间大多使用各类串行接口,包括 UART、SPI、IIC 等

2)异步通信和同步通信

串行通信又分为两种基本通信方式,即异步通信和同步通信。

(1)异步通信。在异步通信中,被传送的信息通常是一个字符代码或一个字节数据,它们以规定的相同传送格式(字符帧格式)一帧一帧地发送或接收。发送端和接收端各有一套彼此独立又不同步的通信机构,由于它们所发送和接收数据的帧格式相同,因此可以互相识别接收到的数据信息。

字符帧格式由起始位、数据位、奇偶校验位和停止位等四部分组成,如图 5-3 所示。

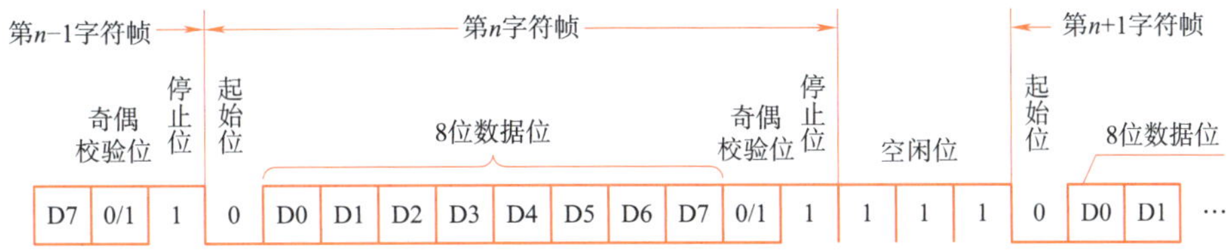

图 5-3　异步通信字符帧格式

①起始位。在没有数据传送时，通信线上处于逻辑“1”状态。当发送端要发送一个字符数据时，首先发出一个逻辑“0”信号，这个低电平就是帧格式的起始位，作用就是向接收端通知发送端开始发送一帧数据。

②数据位。在起始位之后，发送端发出(接收端接收)的是数据位，由低位到高位逐位传送。通常以数据字节为单位。

③奇偶校验位。位于数据位后，占1位，通常用于对串行通信数据进行奇偶校验，可以由用户定义其他控制含义，也可以没有。例如，对二进制数据01011111，用偶校验，校验位为0，传输的数据为010111110，保证逻辑“1”的位数是偶数个；用奇校验，校验位为1，传输的数据为010111111，保证逻辑“1”的位数是奇数个。

④停止位。字符帧格式的最后部分为停止位，逻辑“1”电平有效，典型的值为1位、1.5位和2位。选用停止位的位数越多，不同时钟同步的容忍程度越大，但是数据传输速度也越慢。

另外，在异步通信中，空闲时通信线也处于逻辑“1”状态。

(2)同步通信。同步通信是一次传输由同步字符、数据字符、校验字符构成的帧信息。在同步通信中需要保证收、发双方时钟线的时钟严格一致。图5-4所示为同步通信的数据传送格式。

同步字符	数据 字符1	数据 字符2	…	数据 字符$n-1$	数据 字符n	校验字符	校验字符

图5-4　同步通信的数据传送格式

在串行通信中，无论是异步通信还是同步通信，接收端和发送端双方使用的字符帧格式或同步字符必须相同，可采用统一的标准格式，也可由用户自行定制。

3)波特率

在串行通信中，发送设备和接收设备之间除了采用相同的字符帧格式(异步通信)或相同的同步字符(同步通信)来协调同步工作外，收发双方发送数据的速度和接收数据的速度也必须相同，这样才能保证数据的成功传送。

波特率是对符号传输速率的一种度量，即单位时间内传输符号的个数，单位为Bd。在二进制串行传输中，一个符号的含义为高、低电平，分别用逻辑“1”和“0”表示，每个符号所含的信息量刚好为1个二进制数，所以在二进制串行通信中波特率就是每秒传输的二进制位的个数。

单片机串行通信中常用的波特率为1 200 Bd、2 400 Bd、4 800 Bd、9 600 Bd、19 200 Bd等。

2. 51单片机的串行接口

8051单片机内部有一个串行接口(简称“串口”)，通过引脚RxD(P3.0)和TxD(P3.1)与外部电路进行全双工的异步通信，还可以作为同步移位寄存器使用。

1)串行接口结构

51单片机串行接口内部结构如图5-5所示。

它有两个独立的发送、接收缓冲寄存器SBUF(特殊功能寄存器)，发送缓冲寄存器只发数据，不接收数据；接收缓冲寄存器只接收数据，不发送数据，因此它们共用一个地址(99H)。

二者结合起来完成同时接收、发送数据的功能。图 5-5 中的定时器 T1 充当波特率发生器作用，调节串口数据收发的速率。

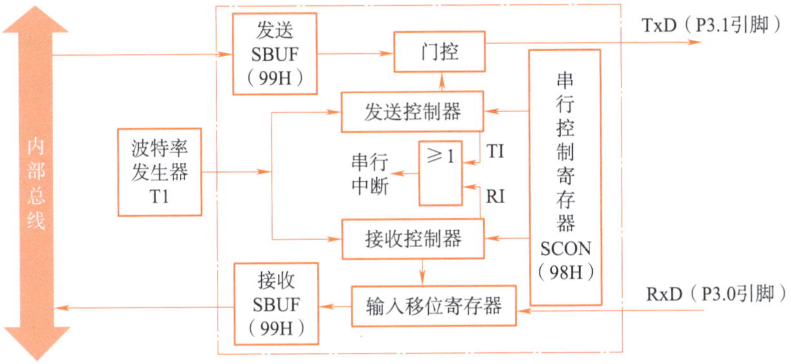

图 5-5　51 单片机串行接口内部结构

当内部总线上的数据送入发送 SBUF 时（如 SBUF = x；x 为定义变量），在发送控制器的作用下通过发送引脚 TxD（P3.1）进行发送，发送完成将产生中断信号通知系统发送完成。

当接收引脚 RxD（P3.0）接收到数据时，会通过输入移位寄存器进入接收 SBUF，当一个数据接收完成会产生接收中断信号，通知系统到接收 SBUF 中取走数据，可通过语句 x = SBUF（x 为定义变量）进行读取。整个串口通信由串行控制寄存器 SCON 控制。

2）串行接口控制

串行接口控制寄存器 SCON 用于设置串口的工作方式、允许接收标志以及状态标志设置等。字节地址为 98H，可以位寻址。单片机复位时，所有位全为 0，其格式如图 5-6 所示。

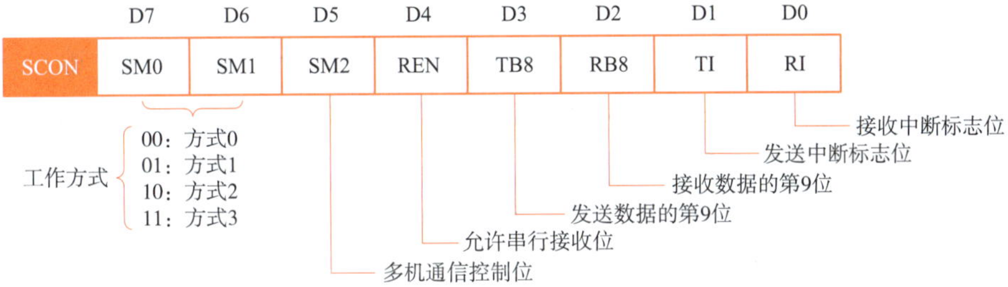

图 5-6　串行接口控制寄存器各位定义

各位的功能说明如下：

SM0、SM1：串行接口四种工作方式选择位。2 位编码对应四种工作方式，见表 5-2。

表 5-2　串行接口四种工作方式

SM0	SM1	工作方式	功　能	波 特 率
0	0	方式 0	8 位同步移位寄存器	$\frac{f_{osc}}{12}$（f_{osc} 为晶振频率）
0	1	方式 1	10 位帧格式	可变（由定时器 T1 控制）
1	0	方式 2	11 位帧格式	$\frac{f_{osc}}{32}$ 或 $\frac{f_{osc}}{64}$
1	1	方式 3	11 位帧格式	可变（由定时器 T1 控制）

学习笔记

SM2:多机通信控制位,用于方式 2 和方式 3。

在方式 2 和方式 3 处于接收时:

如果 SM2 =1,接收到的第 9 位数据 RB8 为 0,不激活 RI。如果 SM2 =1,而且 RB8 =1,则置 RI =1,产生中断请求,并将接收到的前 8 位数据送到 SBUF。

如果 SM2 =0,无论接收到第 9 位 RB8 为 0 还是为 1,TI、RI 都以正常方式被激活。

在方式 1 时,如果 SM2 =1,则只有收到有效的停止位后,RI 置 1。

在方式 0 时,SM2 必须为 0。

REN:允许串行接收位。由软件置 1 或清 0。

REN =1 时,允许接收;REN =0 时,禁止接收。

TB8:发送数据的第 9 位。在方式 2 和方式 3 中,由软件置位或复位,可作为奇偶校验位。在多机通信中,可作为区别地址帧或数据帧的标识位,一般约定地址帧时 TB8 为 1,约定数据帧时 TB8 为 0。

RB8:接收数据的第 9 位。工作在方式 2 和方式 3 时,RB8 存放接收数据的第 9 位;方式 1 时,如果 SM2 =0,RB8 是接收到的停止位;方式 0 时,不使用 RB8。

TI:发送中断标志位。在方式 0 时,发送完 8 位数据后,由硬件置 1;在其他方式时,在发送停止位之初由硬件置 1。所以,T1 是发送完一帧数据的标志,可以用指令来查询是否发送结束。TI =1 时,也可向 CPU 申请中断,响应中断后都必须由软件清除 TI。

RI:接收中断标志位。在方式 0 时,接收完 8 位数据后,由硬件置 1;在其他方式时,在接收停止位的中间由硬件置 1。同 TI 一样,也可以查询是否接收完一帧数据。RI =1 时,也可申请中断,响应中断后都必须由软件清除 RI。

3)串行接口的工作方式与波特率设定

单片机的串行接口通过 SCON 的 SM0 和 SM1 控制,有四种工作方式,下面分别介绍。

(1)工作方式 0。工作方式 0 为 8 位移位寄存器输入/输出方式。8 位串行数据从 RxD(P3.0)输入或输出,而 TxD(P3.1)用来传输同步移位脉冲。这种工作方式可外接移位寄存器以扩展 I/O 口,也能外接同步输入/输出设备。

在工作方式 0 下,其波特率是固定的,即

$$\text{工作方式 0 的波特率} = \frac{f_{osc}}{12} \tag{5-1}$$

式中,f_{osc}为晶振频率。

(2)工作方式 1。工作方式 1 为波特率可变的 10 位异步通信方式。发送或接收的一帧信息,由 1 个起始位 0,8 个数据位和 1 个停止位组成。TxD 为数据发送引脚,RxD 为数据接收引脚。

发送时,当数据写入发送寄存器 SBUF 时,就启动发送。发送完一帧数据后,由硬件自动对 TI 置位。

接收时,先要置位允许接收控制位 REN,然后以选择的波特率的 16 倍速率采样 RxD 引脚,当采样到 1 至 0 的负跳变时,确认是开始位 0,接着就开始接收一帧数据。只有当 RI =0 且 SM2 =0 或停止位为 1 时,8 位数据才能进入接收寄存器,并由硬件置位 RI,否则该信息丢失。因此,在工作方式 1 接收时,要先用软件对 RI 或 SM2 复位。

学习笔记

在工作方式 1 下，其波特率是可变的，由 T1 的溢出率和 SMOD 决定，即

$$工作方式1波特率=\frac{2^{SMOD}}{32}\times T1溢出率 \tag{5-2}$$

小知识：

电源及波特率选择寄存器（PCON）

PCON 主要是为 CHMOS 型单片机的电源控制而设置的专用寄存器，字节地址为 87H，不可以位寻址。其格式如图 5-7 所示。

	D7	D6	D5	D4	D3	D2	D1	D0
PCON	SMOD	×	×	×	GF1	GF0	PD	IDL

图 5-7　PCON 控制器各位定义

与串行通信有关的只有 SMOD 位。SMOD 为波特率选择位。当 SMOD = 1 时，通信波特率乘以 2；当 SMOD = 0 时，波特率不变。

（3）工作方式 2。工作方式 2 为固定波特率的 11 位异步通信方式。与工作方式 1 相比，增加了一个第 9 位数据，其值来自 SCON 寄存器的 TB8。这一位可以用软件进行置位或复位，它既可以作为多机通信中地址帧/数据帧的标志位，也可以作为数据的奇偶校验位。

发送时，根据当数据写入 SUBF 时，启动发送器发送。发送一帧信息后，由硬件置位 TI。

接收时，先要置位允许接收控制位 REN，然后串行接口采样 RxD 引脚，当采样到 1 至 0 的负跳变时，确认是开始位 0，接着开始接收一帧数据。在接收到附加的第 9 位数据后，如果 RI = 0 或者是 SM2 = 0 时，第 9 位数据进入 RB8，其余 8 位数据进入接收寄存器，并由硬件置位 RI；否则信息丢失，且不会置位 RI。经过一段时间后，不管上述条件是否满足，接收电路自行复位，并重新检测 RxD 上从 1 到 0 的跳变。

在工作方式 2 下，其波特率是固定的，即

$$工作方式2的波特率=\frac{2^{SMOD}}{64}\times f_{osc} \tag{5-3}$$

式中，f_{osc} 为晶振频率。

（4）工作方式 3。工作方式 3 为波特率可变的 11 位异步通信方式。除波特率设置方式外，其余均与工作方式 2 相同。

$$工作方式3的波特率=\frac{2^{SMOD}}{32}\times T1溢出率 \tag{5-4}$$

串行通信工作方式 1 和工作方式 3 中波特率计算都涉及 T1 的溢出率，定时器 T1 溢出率 = T1 计数速率/溢出机器周期数，T1 计数速率 = $f_{osc}/12$，溢出机器周期数 = 定时器最大计数值 M − 计数初值 X。通常 T1 处于工作方式 2 时，最适宜作为串行通信的波特率发生器，此时定时器最大计数初值 $M = 256$，因此串口方式 1 与方式 3 的波特率计算公式为

$$波特率=\frac{2^{SMOD}}{32}\times\frac{f_{osc}}{12\times(M-X)} \tag{5-5}$$

$$计算初值\ X=256-\frac{2^{SMOD}}{32}\times\frac{f_{osc}}{12\times波特率} \tag{5-6}$$

学习笔记

当系统晶振频率选 11.059 2 MHz 时，容易获得标准的波特率。表 5-3 列出了串行工作方式 1 下，T1 工作于方式 2 时，产生常用波特率应装入的初始值。在实际应用中，还可以借助工具来计算波特率初始值。

表 5-3　常用波特率及配置

波特率/Bd	晶振频率/MHz	SMOD	T1（方式 2） TH1、TL1 初始值
19 200	11.059 2	1	0xFD
9 600	11.059 2	0	0xFD
4 800	11.059 2	0	0xFA
2 400	11.059 2	0	0xF4
1 200	11.059 2	0	0xE8

综上所述，51 单片机串口在工作之前需要对其进行初始化，其步骤如下：

（1）确定串口工作方式，通过 SCON 寄存器设定。

（2）确定 T1 工作方式，通过 TCON 寄存器设置。

（3）根据波特率，设置 T1 计数初值，并载入 TH1、TL1 中。

（4）如果串口工作于中断方式，通过设置 IE、IP 实现。

3. 蓝牙串口通信模块

蓝牙技术是一种无线技术标准，可实现固定设备、移动设备等之间的短距离（一般是 10 m 之内）数据交换，蓝牙的标准是 IEEE 802.15，工作在 2.4 GHz 频带，带宽为 1 Mbit/s。蓝牙技术已经在汽车、航空、消费类电子、军用等领域广泛应用。

HC-05 蓝牙串口通信模块是基于 Bluetooth Specification V2.0 带 EDR 蓝牙协议的数传模块。模块采用 CSR 的 BC417 芯片，支持 AT 指令，用户可根据需要更改主、从模式以及串口波特率、设备名称等参数，可以实现 10 m 距离通信，如图 5-8 所示。

图 5-8　HC-05 蓝牙串口通信模块（不带基板）

HC-05 蓝牙串口通信模块用于代替全双工通信时的物理连线，其工作原理如图 5-9 所示。左边的设备向模块发送串口数据，模块的 RxD 端口收到串口数据后，自动将数据以无线电波的方式发送到空中。右边的模块能自动接收到，并从 TxD 向右边设备还原最初左边设备所发的串口数据。从右到左数据传输也是一样的。

素材

单片机波特率初值计算工具

学习笔记

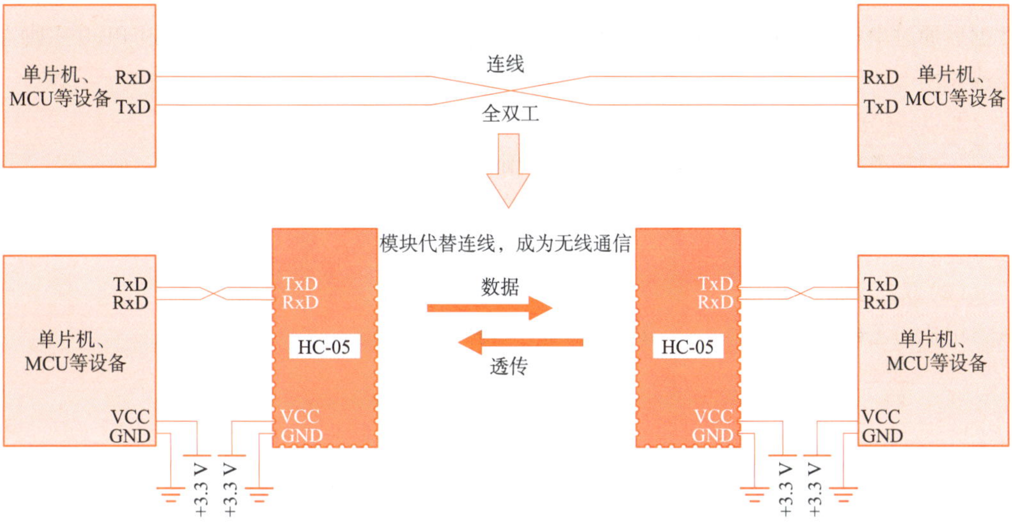

图 5-9　HC-05 蓝牙串口通信模块数据传输工作原理

HC-05 蓝牙串口通信模块具体引脚定义、参数、配置以及 AT 指令等详细介绍请扫码学习。

素材

HC-05蓝牙串口通信模块资料

任务实施

1. 硬件电路设计

根据任务要求采用无线连接方式。由 HC-05 蓝牙串口通信模块特性设计硬件电路如图 5-10 所示。

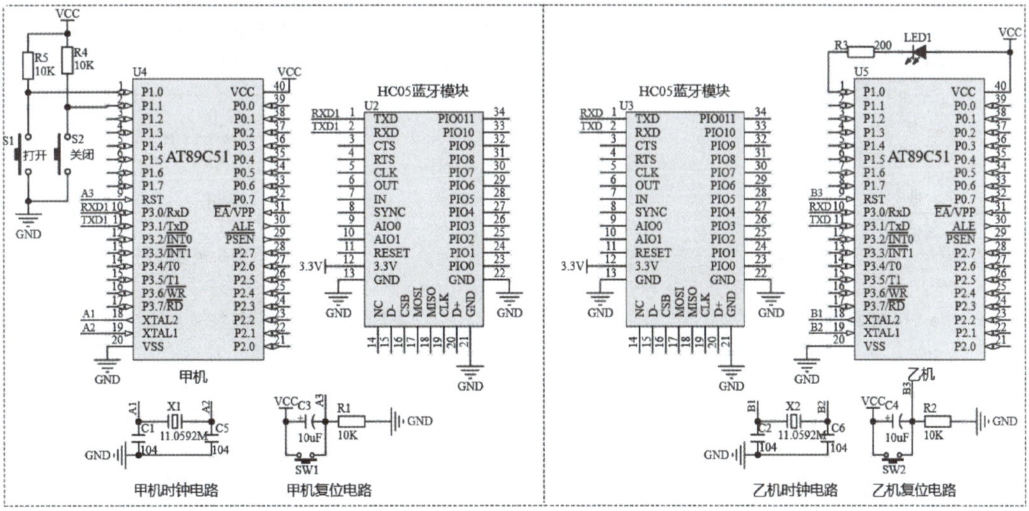

图 5-10　双机蓝牙串口通信控制电路图

其电路工作原理是甲机 P1.0 和 P1.1 引脚分别检测打开和关闭两个按键的状态，当甲机检测到按键的状态后，甲机通过串口 P3.0(TxD)引脚将相应命令传送给蓝牙模块 1，蓝牙模

学习笔记

块1接收到相应命令，将数据通过无线方式发送给与其配对的蓝牙模块2，蓝牙模块2接收到数据后通过串口发送引脚将数据传给乙机，乙机通过RxD引脚接收数据后，通过P1.0引脚点亮或关闭LED。

2. 软件程序设计

根据任务要求，甲乙通信双方简单协议约定如下：

(1)甲机按下“开启”按键，则发送数据“0x31”；甲机按下“关闭”按键，则发送数据“0x32”。

(2)双方通信波特率为9 600 Bd，无校验位，8位数据位，1位停止位。

甲机与乙机对应的程序流程图如图5-11所示。

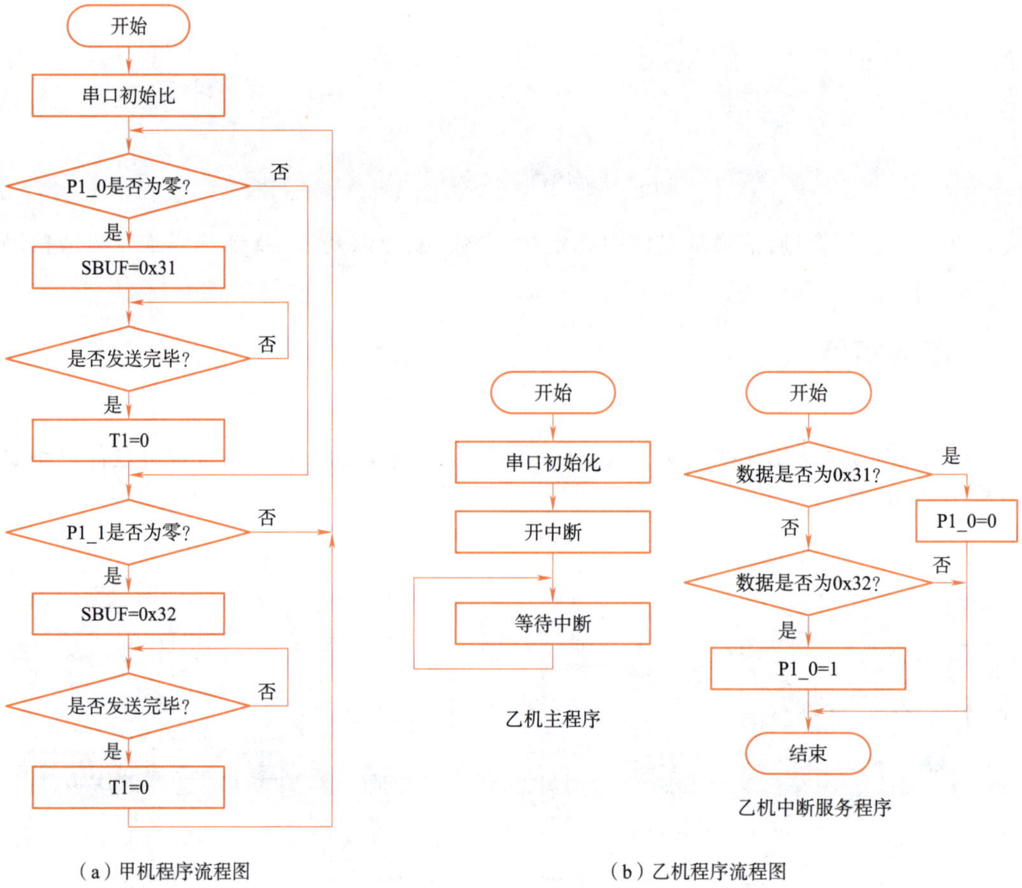

图5-11　程序流程图

甲机程序：

甲机程序主要包括串口初始化和数据发送，数据发送采用查询方式，关键代码如下所示，完整代码请扫描二维码查看。

```
/*********************************************/
甲机串口初始化函数
/*********************************************/
void uart_init();
```

学习笔记

素材

甲机、乙机程序

```
{
  SCON = 0x50;                    //0101 0000 串口方式 1 允许接收
  TMOD = 0x20;                    //0010 0000 定时器 1 工作方式 2
  TH1 = 0xFA;
  PCON = 0x80;                    //波特率加倍
  TL1 = TH1;                      //波特率为 9 600
  EA = 1;
  ES = 1;                         //开串口中断
  TR1 = 1;                        //启动定时器
}
/**************************************/
甲机主函数程序
/**************************************/
#include <reg51.h>
sbit P1_0 = P1^0;
sbit P1_1 = P1^1;
void delay(int time);
void uart_init();
void main();
{
  uart_init();
  while(1)
  {
    if(P1_0 == 0)
    {
      delay(150);
      if(P1_0 == 0)
      {
        SBUF = 0x31;              //发送数据
        while(!TI);               //查询方式等待发送完成
        TI = 0;                   //清发送中断标志位
      }
    }
    if(P1_1 == 0)
    {
      delay(150);
      if(P1_1 == 0)
      {
        SBUF = 0x32;              //发送数据
        while(!TI);               //查询方式等待发送完成
        TI = 0;                   //清发送中断标志位
      }
    }
  }
}
```

乙机程序：

通信接收程序一般采用中断实现，在乙机程序中主要包括主程序和通信中断服务程序。主程序主要实现串口的初始化，要求波特率与甲机一致，初始化与甲机程序基本一样，可扫描

学习笔记

二维码观看学习。中断服务程序实现串行数据的接收及 LED 的控制,关键代码如下:

```
/****************************************
乙机串口中断接收程序
****************************************/
void receive(); interrupt 4
{
  int buf;
  buf = SBUF;              //接收数据
  RI = 0;                  //接收中断标志位清零
  if(buf == 0x31)
    P1_0 = 0;              //开启 LED 灯
  if(buf == 0x32)
    P1_0 = 1;              //关闭 LED 灯
}
/****************************************
乙机主程序
****************************************/
#include <reg51.h>
sbit P1_0 = P1^0;
void delay(int time);
void uart_init();
void main();
{
  uart_init();             //串口初始化
  while(1)
  {
  }
}
```

3. 软件仿真

从 Proteus 仿真软件的元件库里选出此次仿真需要用到的元件,见表 5-4,或直接在 Keywords 文本框里按照元件名称搜索添加仿真元件。

表 5-4 Proteus 仿真元件

元 器 件	仿真元件
单片机	AT89C51
按键	Button
电阻	Res
LED 灯	LED-YELLOW

由于 Proteus 本身并不支持蓝牙仿真,所以本次任务采用虚拟终端来替代蓝牙串口。虚拟终端可从虚拟仪器模式中选择 VIRTUAL TERMINAL,添加虚拟终端之后,左键双击虚拟终端,可打开属性对话框进行参数配置,具体添加步骤及参数配置如图 5-12 所示,虚拟终端的波特率、数据位、停止位等需要与甲机、乙机通信协议一致,同时单片机晶振频率配置成 11.059 2 MHz,整体仿真电路图如图 5-13 所示。

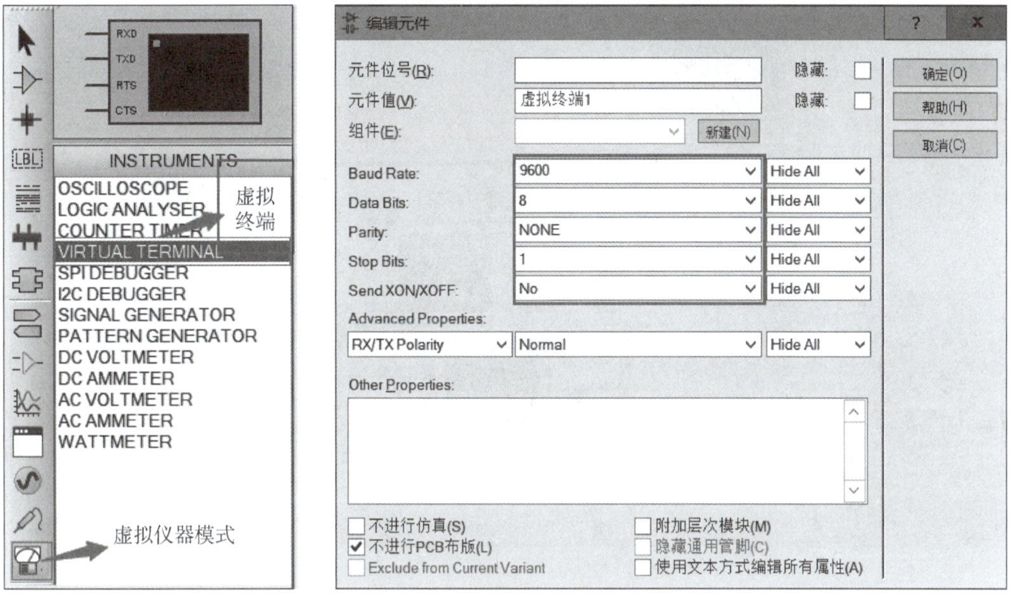

图 5-12　虚拟终端添加及参数配置

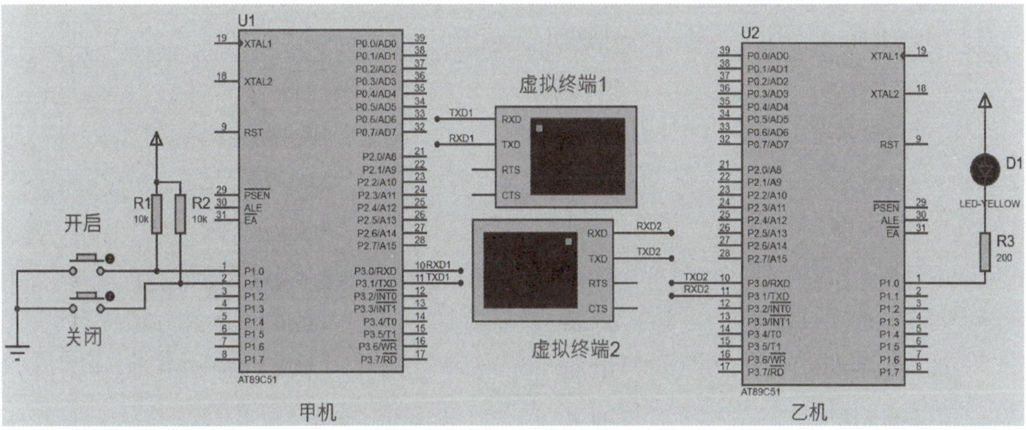

图 5-13　甲、乙机串口通信仿真电路图

虚拟终端 1 和虚拟终端 2 分别代替一对蓝牙串口模块，运行仿真，按下“启动”按键，此时虚拟终端 1（模拟蓝牙串口发送模块）接收到 0x31，说明甲机串口发送数据成功，此时如果是实际的蓝牙串口模块，则蓝牙串口模块将会把接收到的 0x31 数据发送给蓝牙接收模块（虚拟终端 2），蓝牙接收模块接收到 0x31 数据又会把数据发送给乙机，此时在虚拟终端 2 上输入 0x31，发现 D1 点亮，说明乙机接收到数据并将 LED 点亮。其仿真结果如图 5-14 所示。

4. 电路制作与调试

通过 Proteus 仿真验证后，就可以着手准备实物的制作了。本任务实物制作清单见表 5-5。

学习笔记

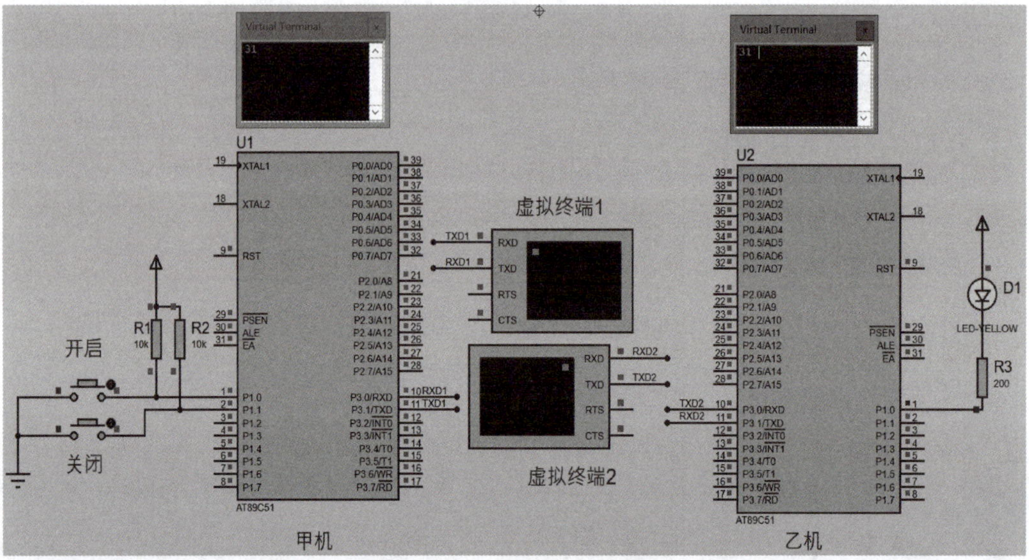

图 5-14　甲、乙机串口通信仿真结果

表 5-5　实物制作清单

名　称	型　号	封　装	数　量
单片机	STC89C51	双列直插 DIP40	1
IC 底座	40 引脚	双列直插 DIP40	1
晶振	11.059 2 MHz	HC-49S	1
电阻	10 kΩ	AXIAL-0.3	3
电容	30 pF	RAD-0.1	2
按键	4 引脚	直插四脚	2
LED	ϕ5 mm	RAD-0.2	1
HC-05 蓝牙模块	HC-05	模块	2
恒温烙铁	40 W		1
稳压电源	5 V、3.3 V		1
导线			若干

任务总结

本任务利用单片机串口通信与蓝牙串口模块实现了单片机远程无线控制。本任务的重点是单片机串口的初始化配置以及串口数据的接收与发送，在实际应用中，数据的发送与接收一般制定通信协议，通信协议根据实际需求可以自行制定，也可以采用标准通信协议。例如，单片机通信系统中经常用到的 Modbus 协议。另外，在无线通信中目前除了蓝牙通信，还有 Wi-Fi、4G 等无线通信方式，读者可以在本任务的基础上将蓝牙通信换成其他无线通信方式。

学习笔记

任务评价

本任务的评价类别、评价内容及所占分值见表 5-6。

表 5-6　任务评价

评价类别	评价内容	评价指标	分值	自我评价	小组评价	教师评价
专业知识	任务准备	是否理解串行通信原理	5			
		是否掌握单片机串口工作方式及波特率	5			
专业技能	任务实施	能够正确设计串口接口电路	20			
		会配置使用蓝牙串口模块	10			
		能够利用虚拟终端仿真串口电路	20			
		能够利用虚拟串口调试程序，并能针对出现的问题进行解决	10			
		能够焊接、调试实际电路	5			
		能够撰写任务总结报告	5			
专业素质	核心素养	能否发现问题、分析问题、创新性解决问题	5			
		能否与同学交流协作，是否有团队合作意识	5			
		学习态度是否端正，是否积极参与教学活动	5			
		工作作风是否严谨，是否自觉遵章守纪	5			
总　评			100			

任务拓展

通过本任务的学习，可以知道 51 单片机串口工作在方式 0 下，是作为同步移位寄存器使用的，常用于扩展外部并行 I/O 口。

扩展并行输出口时，需要外接一片或几片 8 位串入并出的同步移位寄存器，如 74LS164 或 CD4094 等。扩展并行输入口时，需要外接一片或几片并入串出的同步移位寄存器，如 74LS165 或 CD4014 等。

作为同步移位寄存器使用时，以 $f_{osc}/12$ 的波特率串行移位，数据从 RxD 端引脚串行输出或输入（低位在前），TxD 引脚输出移位脉冲。串口扩展输入输出示意图如图 5-15 所示。

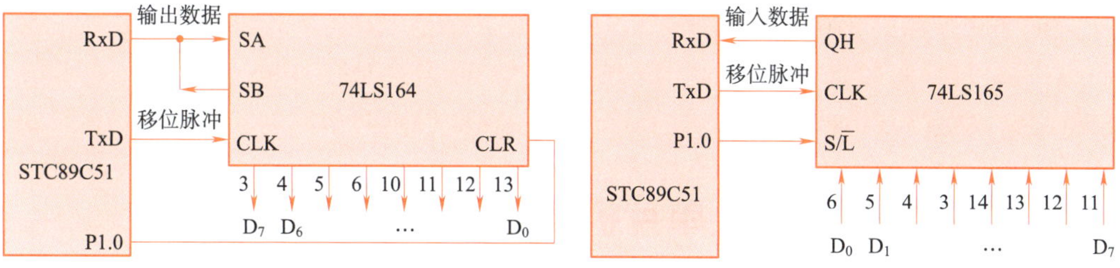

（a）方式0扩展并行输出接口电路　　（b）方式0扩展并行输入接口电路

图 5-15　串口扩展输入输出示意图

任务拓展要求如下：利用单片机串口工作方式 0 控制 8 个 LED，实现流水灯的效果。

素材 74LS164数据手册

素材 74LS165数据手册

学习笔记

知识训练

一、填空题

1. 异步串行数据通信的帧格式由________位、________位、________位和________位组成。

2. 串行通信按同步方式可分为________通信和________通信。

3. 要串口为10位UART,工作方式应选为________。

4. 8051单片机的串行接口由发送缓冲寄存器SBUF、________、串行接口控制寄存器SCON、定时器T1构成的________________等部件组成。

二、选择题

1. 用MCS-51串行接口扩展并行I/O口时,串行接口工作方式应选择(　　)。

A. 方式0　　B. 方式1

C. 方式2　　D. 方式0或方式2

2. MCS-51单片机串行口发送/接收中断源的工作过程是:当串口接收或发送完一帧数据时,将SCON中的(　　),向CPU申请中断。

A. RI或TI置1　　B. RI或TI置0

C. RI置1或TI置0　　D. RI置0或TI置1

3. MCS-51单片机串口接收数据的次序是(　　)。

(1)接收完一帧数据后,硬件自动将SCON的RI置1。

(2)用软件将RI清0。

(3)接收到的数据由SBUF读出。

(4)置SCON的REN为1,外部数据由RxD(P3.0)输入。

A. (1)(2)(3)(4)　　B. (4)(1)(2)(3)

C. (4)(3)(1)(2)　　D. (3)(4)(1)(2)

4. MCS-51单片机串口发送数据的次序是(　　)。

(1)待发送数据送SBUF。

(2)硬件自动将SCON的TI置1。

(3)经TxD(P3.1)串行发送一帧数据完毕。

(4)用软件将TI清0。

A. (1)(3)(2)(4)　　B. (1)(2)(3)(4)

C. (4)(3)(1)(2)　　D. (3)(4)(1)(2)

任务二　单片机与上位机通信设计

✧ 知识目标

- 掌握串口RS-232通信标准。
- 掌握STC15单片机串口2寄存器的功能及配置。
- 掌握串口助手、虚拟串口等辅助工具调试通信系统的方法。

学习笔记

✧ 能力目标

- 能够设计 TTL 与 RS-232 电平转换电路。
- 能够根据项目实际需求自定义通信协议。
- 能够编写 STC15 单片机串口 2 收发程序。

✧ 素质目标

- 培养设计思维能力，提高综合设计能力。
- 培养不断突破、善于解决问题的能力。

任务描述

在任务一的基础上，实现甲机与计算机的通信，具体要求如下：

(1)当乙机检测到设备故障之后通过蓝牙串口发送信息给甲机。

(2)当甲机检测到乙机发送的信息之后，将信息通过串口传送给上位机，上位机再对信息进行存储。

(3)上位机也可以发送指令对乙机的设备进行控制。

知识链接

单片机已经广泛应用于数据采集、自动控制等领域，当需要采集大量数据进行存储以及计算的时候，单片机的运算处理能力以及存储空间容量就无法胜任，这时就需要借助上位机进行辅助处理。通常将单片机与上位机进行串口通信，将数据通过串口传送给上位机，上位机对数据进行运算、分析、存储等，最终将处理结果、命令传送给单片机，由单片机执行。

1. RS-232 总线标准

上位机与单片机之间通信通常采用标准串行总线通信接口，常用的接口标准有 RS-232-C、RS-422 和 RS-485，其中 RS-232-C 在上位机以及工业通信中被广泛使用。

RS-232-C 是一种异步串行通信总线标准，定义了数据终端设备(DTE)和数据电路终接设备(DCE)之间的物理接口规范，能方便地把计算机、单片机以及相关外设连接起来构成一个监控系统。

1)RS-232-C 的电气特性

RS-232-C 串行通信电气标准与 TTL、CMOS 逻辑电平规定不同，该标准采用负逻辑，即电平值为 $-5\sim-15$ V 的低电平表示逻辑“1”；电平值为 $+5\sim+15$ V 的高电平表示逻辑“0”。因此，RS-232-C 不能直接与 TTL 电路连接，使用时必须加上适当的电平转换电路，否则将使 TTL 电路烧毁。

2)RS-232-C 引脚功能

标准 RS-232-C 接口采用的是 DB-25 针 D 形连接器，但实际应用中常采用 DB-9 的 D 形连接器，DB-9 的 D 形连接器又分为公头和母头，其实物图如图 5-16 所示。

目前计算机只保留了 DB-9 连接器作为串行接口的连接器，DB-9 各引脚定义如图 5-17 所示。

另外，在一些简单的通信系统中，只需使用 TxD、RxD 和信号地三个引脚就可以完成数据通信。

学习笔记

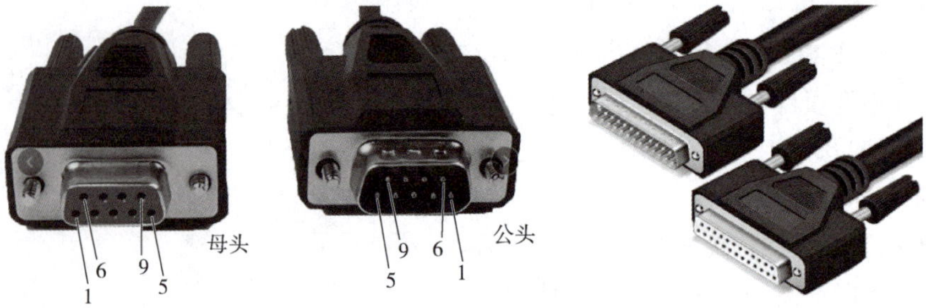

图 5-16　D 形连接器实物图

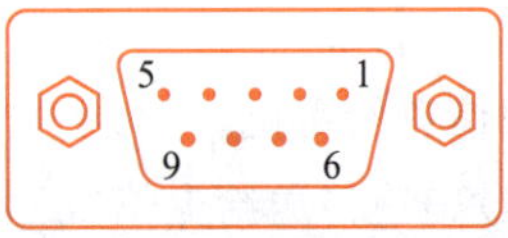

引脚顺序	引脚作用	名称
1	数据载波检测	DCD
2	数据发射	TxD
3	数据接收	RxD
4	数据设备准备	DSR
5	地	GND
6	数据终端准备	DTR
7	清除发送	CTS
8	请求发送	RTS
9	振铃指示	RI

（a）DB9母头定义

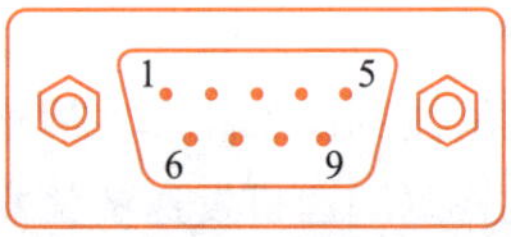

引脚顺序	引脚作用	名称
1	数据载波检测	DCD
2	数据接收	RxD
3	数据发射	TxD
4	数据终端准备	DTR
5	地	GND
6	数据设备准备	DSR
7	请求发送	RTS
8	清除发送	CTS
9	振铃指示	RI

（b）DB9公头定义

图 5-17　DB-9 各引脚定义

3）RS-232-C 的通信距离和速度

在不使用调制解调器时，RS-232-C 能够可靠进行数据传输的最大通信距离为 15 m。RS-232-C 接口最大传输速率为 20 kbit/s，能够提供的传输速率主要有 1 200 bit/s、2 400 bit/s、4 800 bis/s、9 600 bis/s、19 200 bis/s 等。传输距离与传输速率成反比关系，适当降低传输速率，可以延长 RS-232 的传输距离，提高通信的稳定性。

2. STC15W4K32S4 串口 2

由于甲机既要与上位机通信又要与乙机通信，因此甲机需要采用带有双串口的单片机。本任务采用 STC15W4K32S4 单片机，STC15 单片机与传统 51 单片机大部分功能兼容，本任务重点讲解串口 2 的相关知识，其他详细内容请扫码学习。

STC15W4K32S4 单片机串口 2 默认接收和发送对应的引脚是 P1.0（RxD2/）和 P1.1（TxD2）。与串口 2 相关的寄存器包括 S2CON、定时器 2 初值寄存器 T2L 和 T2H、AUXR、IE、IE2、IP2、P_SW2。下面重点介绍关键寄存器中的主要控制位，其他寄存器的详细介绍请参考数据手册。

1)串口 2 控制寄存器 S2CON

串口 2 控制寄存器 S2CON 用于设定串口 2 的工作方式,进行串行接收控制以及设置状态标志,各位定义如图 5-18 所示,不可位寻址。

	D7	D6	D5	D4	D3	D2	D1	D0
S2CON	S2SM0	—	S2SM2	S2REN	S2TB8	S2RB8	S2TI	S2RI

图 5-18　串口 2 控制寄存器 S2CON 各位定义

(1)S2SM0:该位确定串口 2 工作模式。

当该位为 0 时,为工作方式 0:8 位 UART,波特率可变。

当该位为 1 时,为工作方式 1:9 位 UART,波特率可变。

在这两种模式下, 波特率 = 定时器 T2 溢出率/4。

(2)S2REN: 允许/禁止串口 2 接收控制位。

当 S2REN 位为 1 时,启动接收; 当 S2REN 位为 0 时,禁止接收。

(3)S2TI:发送中断请求标志位。在停止位开始发送时,S2TI 置 1,向 CPU 发出中断请求。当 CPU 响应中断后,必须由软件将该位清零。

(4)S2RI:接收中断请求标志位。在接收到停止位的中间时刻,S2RI 置 1,向 CPU 发出中断请求。当 CPU 响应中断后,必须由软件将该位清零。

注意:由于 S2TI 和 S2RI 以“或逻辑”关系向 CPU 发出中断请求,所以主机响应中断时,不知道是 S2TI 还是 S2RI 发出的中断请求,所以必须在中断服务程序中通过查询 S2TI 和 S2RI 进行判别,然后分别处理。

S2TI 和 S2RI 必须由软件清零。

2)串口 2 数据缓冲寄存器 S2BUF

S2BUF 是串口 2 的数据缓冲寄存器,地址是 9BH,同 SBUF 一样,一个地址实际是两个缓冲寄存器。当对 S2BUF 写操作时,对应串口 2 的发送缓冲寄存器,同时完成待发送数据的加载;当对 S2BUF 读操作时, 对应串口 2 的接收缓冲寄存器,用于读取已经接收到的数据。

3)串口 2 中断允许寄存器 IE2

中断允许寄存器 IE2 地址为 0xAF,各位定义如图 5-19 所示。

	D7	D6	D5	D4	D3	D2	D1	D0
IE2	—	ET4	ET3	ES4	ES3	ET2	ESPI	ES2

图 5-19　中断允许寄存器 IE2 各位定义

其中,ES2 为串口 2 中断允许位。当该位为 1 时,允许串口 2 中断;当该位为 0 时,禁止串口 2 中断。

4)辅助寄存器 AUXR

辅助寄存器 AUXR 各位定义如图 5-20 所示,不可位寻址。

(1)T2R: 定时器 T2 允许控制位

该位为 0:不允许定时器 T2 运行;

该位为 1:允许定时器 T2 运行。

学习笔记

	D7	D6	D5	D4	D3	D2	D1	D0
AUXR	T0x12	T1x12	UART_M0x6	T2R	T2_C/T	T2x12	EXTRAM	S1ST2

图 5-20　辅助寄存器 AUXR 各位定义

(2) T2_C/T：控制定时器 T2 用作定时器或计数器。

该位为 0：用作定时器（对内部时钟进行计数）；

该位为 1：用作计数器（对引脚 P3.1 的外部脉冲进行计数）。

(3) T2x12：定时器 T2 速度控制位。

该位为 0：定时器 T2 的速度是传统 8051 速度，12 分频；

该位为 1：定时器 T2 的速度是传统 8051 速度的 12 倍，不分频。

注意：对于 STC15 系列单片机，串口 2 只能使用定时器 T2 作为波特率发生器，不能够选择其他定时器作为波特率发生器。

以上控制寄存器只介绍了与本任务串口 2 通信相关的控制位，其他未介绍的控制位请参考数据手册。

任务实施

1. 硬件电路设计

素材

MAX232芯片数据手册

51 单片机串口输入/输出的逻辑电平为 TTL 电平，即 +5 V 等价于逻辑“1”，0 V 等价于逻辑“0”，而计算机配置的 RS-232-C 标准接口逻辑电平为负逻辑，因此 RS-232-C 信号电平与单片机信号电平不一致，所以必须进行信号电平的转换。目前常用于串口电平转换的专用集成芯片为 MAX232。

MAX232 芯片是 MAXIM 公司专为 RS-232 标准串口设计的单电源电平转换芯片，使用 +5 V 单电源供电。片内含有一个电容性电压发生器，可以将输入 +5 V 电压变成 RS-232-C 输出电平所需的 ±12 V。MAX232 芯片引脚图如图 5-21 所示。

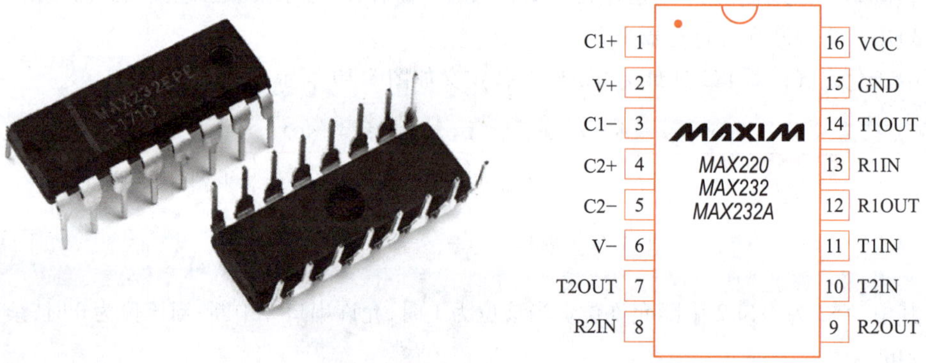

图 5-21　MAX232 芯片引脚图

引脚 1～6 用于电源电压转换，只要在外部接入相应电容即可。引脚 7～10 和引脚 11～14 构成两组 TTL 与 RS-232-C 信号电平的转换电路。其中，引脚 9～12 与单片机串口的 TTL 电平引脚相连，引脚 7、8、13、14 与 PC 的 RS-232 电平引脚相连。

学习笔记

本任务电路中，STC15 单片机的串口 1 与串口蓝牙模块相连实现与乙机的串口通信，STC15 单片机的串口 2 与 MAX232 芯片连接实现与上位机的串口通信，2 个 LED 代表受控对象，按键代表检测对象，上位机可以发送命令控制 LED 开和关，当按键按下代表系统有故障，把故障信息发送给上位机。上位机与甲机以及甲机与乙机的电路原理图如图 5-22 所示。

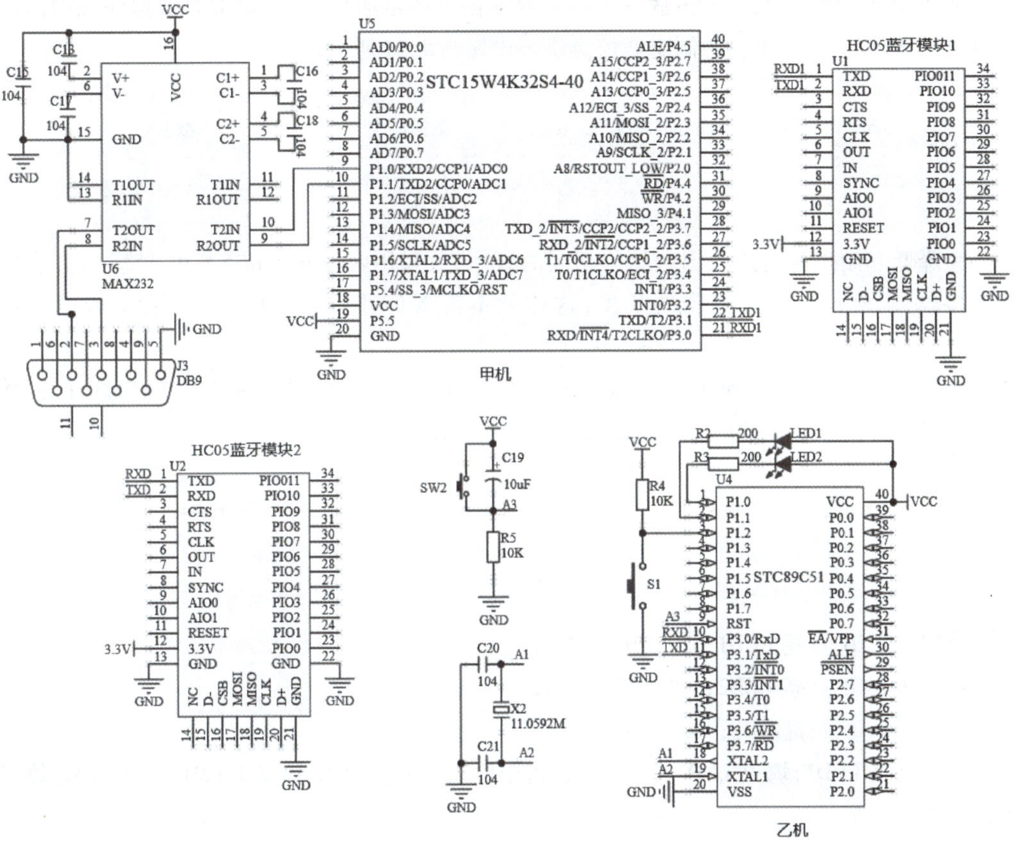

图 5-22　上位机与单片机串口通信电路

小提示：

现在很多上位机上没有 COM 接口，只有 USB 接口。此时可以在电路中增加一个 TTL 到 USB 的转换接口芯片，例如 PL2303、CH340 等将 TTL 电平转换为 USB 电平。通信时，在上位机上安装一个相应的 USB 驱动程序即可实现 USB 转串口通信，电路如图 5-23 所示。

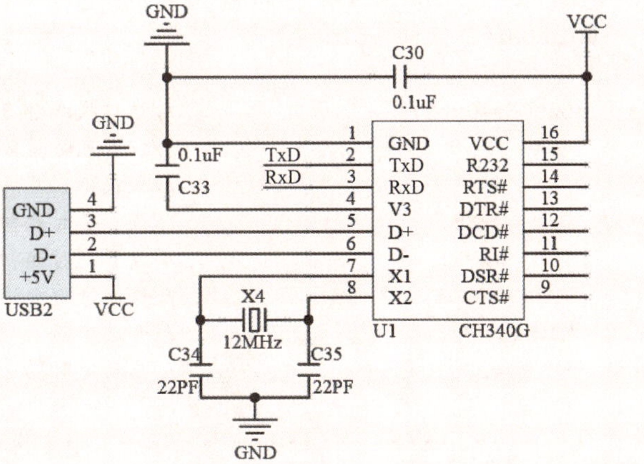

图 5-23　USB 转 RS-232-C 电路

学习笔记

2. 软件程序设计

本任务涉及甲机与乙机以及甲机与上位机的串口数据收发。在本项目任务一中已经实现了甲机、乙机双方的数据收发，本任务重点介绍 STC15 单片机串口 2 与上位机的串口通信程序以及 STC15 单片机串口 1 的数据收发。

在实际串口通信中，每次传输一个串口数据很难满足通信需求，通常要根据任务的需求采用自定义通信协议，本任务制定通信协议格式如图 5-24 所示。

起始位（5A）	起始位（A5）	数据长度	数据1	数据2	…	数据*N*

图 5-24　通信协议格式

为降低起始位与传送数据起始位相同的概率，故采用两位起始位 5A 和 A5。为方便数据的接收，起始位后面是数据的长度，这样就不需要停止位，数据长度后面是传输的数据位。

本任务有三个设备需要监控，因此采用数据长度为 3，数据 1、2 控制 2 个 LED 灯开关，数据 3 监测按键状态，具体指令协议格式如图 5-25 所示。

0x5A	0xA5	0x03	数据1	数据2	数据3

图 5-25　指令协议格式

数据 1：0x01 点亮 LED1；0x00 熄灭 LED1。

数据 2：0x01 点亮 LED2；0x00 熄灭 LED2。

数据 3：0x00 按键断开；0x02 按键闭合。

例如点亮 LED1，熄灭 LED2，串口发送指令协议为 0x5A 0xA5 0x03 0x01 0x00 0x00，数据均采用十六进制。

关键代码如下：

```
/********************************************
            甲机串口 2 初始化程序
********************************************/
void Uart2_Init(void)
{
  S2CON = 0x50;                  //串口模式 0:8 位数据,波特率可变,允许接收
  AUXR &= 0xFB;                  //设置定时器 2 时钟为 12T 模式(STC15 单片机时钟有 1T
                                 //模式和 12T 模式,具体含义可参考 STC15 单片机数据手册)
  T2L = 0xE8;                    //设置定时器初值
  T2H = 0xFF;                    //设置定时器初值,波特率 9 600
  IE2 |= 0x01;                   //使能串口 2 中断
  EA = 1;                        //开总中断
  AUXR |= 0x10;                  //启动定时器 2
}
/********************************************
          甲机串口 2 中断接收程序
********************************************/
```

学习笔记

```
void Uart2_Isr(void) interrupt 8
{
  if (S2CON & 0x02)              //检测串口2发送中断
  {
    S2CON &= ~0x02;              //清除串口2发送中断请求位
    B_TI2 = 1;                   //自定义发送标志
  }
  if (S2CON & 0x01)              //检测串口2接收中断
  {
    S2CON &= ~0x01;              //清除串口2接收中断请求位
    U2RxBuf[Rx2Cnt] = S2BUF;     //接收数据
    if(Rx2Cnt == 0)              //校验第1个接收数据
    {
      if(U2RxBuf[0] == 0x5A)     //第1个数据正确
      {
        Rx2Cnt ++;               //准备接收第2个
      }
      else                       //第1个数据不正确
      {
        B_RI2 = 0;               //自定义接收位置0
        Rx2Cnt = 0;              //计数清0
        U2RxBuf[0] = 0;          //接收数据清0
      }
    }
    else if(Rx2Cnt == 1)         //校验第2个接收数据
    {
      if(U2RxBuf[1] == 0xA5)     //正确则接收
      {
        Rx2Cnt ++;
      }
      else                       //错误则不接收
      {
        B_RI2 = 0;
        Rx2Cnt = 0;
        U2RxBuf[0] = 0;
      }
    }
    else if(Rx2Cnt == 2)         //接收数据长度
    {
      Rx2Len = U2RxBuf[2];
      Rx2Cnt ++;
    }
    else
    {
      if(Rx2Cnt < (Rx2Len + 2))  //接收数据
      {
        Rx2Cnt ++;
      }
      else                       //接收完成
```

学习笔记

```
        {
          Rx2Cnt =0;                 //接收完成,计数清零
          B_RI2 =1;                  //自定义接收标志置 1
        }
      }
    }
  }
/***************************************
          主函数关键代码
***************************************/
bitB_TI1 =0;                         //串口 1 发送标志位
bitB_RI1 =0;                         //串口 1 接收标志位
bitB_TI2 =0;                         //串口 2 发送标志位
bitB_RI2 =0;                         //串口 2 接收标志位
unsigned char U1TxBuf[10] = {0x5A,0xA5,0x03,0x00,0x01,0x00};
unsigned char U1RxBuf[10];
unsigned char U2TxBuf[10] = {0x5A,0xA5,0x03,0x00,0x01,0x00};
unsigned char U2RxBuf[10];
unsigned char Rx1Cnt =02;              //串口 1 接收计数
unsigned char Rx1Len =0;               //串口 1 接收数据总长
unsigned char Rx2Cnt =0;               //串口 2 接收计数
unsigned char Rx2Len =0;               //串口 2 接收数据总长
void main();
{
  Uart1_Init();                        //串口 1 初始化
  Uart2_Init();                        //串口 2 初始化
  while(1)
  {
    if(B_RI2)                          //串口 2 收到数据利用串口 1 发送给乙机
    {
      B_RI2 =0;
      for(i =0;i <=U2RxBuf[2] +2;i ++)   //串口 1 发送数据
      {
        B_TI1 =0;
        SBUF =U2RxBuf[i];
        while(! B_TI1);
        B_TI1 =0;
      }
    }
    if(B_RI1)                          //串口 1 收到数据利用串口 2 发送给上位机
    {
      B_RI1 =0;
      for(i =0;i <=U1RxBuf[2] +2;i ++)   //串口 2 发送数据
      {
        S2BUF =U1RxBuf[i];
        B_TI2 =0;
        while(! B_TI2);
        B_TI2 =0;
```

学习笔记

```
            }
        }
    }
}
```

以上程序为甲机串口 2 初始化、中断服务函数以及主函数的关键代码，本任务的完整代码请扫码查看。

素材

本任务完整源程序

3. 软件仿真

1）绘制仿真原理图

从 Proteus 仿真软件的元件库里选出此次仿真需要用到的元件。表 5-7 列出了比任务一新增的元件。或直接在 Keywords 文本框里按照元件名称搜索，添加仿真元件。

表 5-7　Proteus 仿真元件

元　器　件	仿真元件
单片机	STC15W4K32S4
虚拟串口组件	COMPIM

Proteus 仿真电路图如图 5-26 所示。

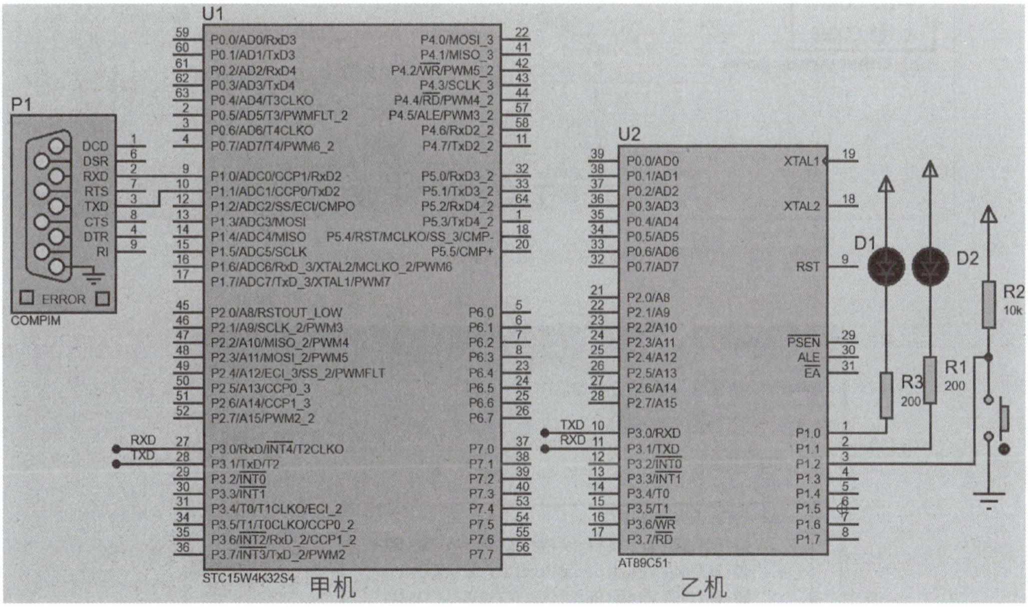

图 5-26　Proteus 仿真电路图

Proteus 中的 COMPIM 是标准的 RS-232 端口，是通过 PC 的物理串口进行实际通信的，也就是说 Proteus 仿真可以利用 COMPIM 通过 PC 的串口与外界的其他设备进行通信。

> **小提示：**
>
> COMPIM 与单片机的接法：单片机的 RxD 引脚与 COMPIM 的 RxD 引脚连接，单片机的 TxD 引脚与 COMPIM 的 TxD 引脚连接。

学习笔记

2)利用 VSPD 软件增加虚拟串口

一台上位机利用 Proteus 仿真软件中的 COMPIM 组件,可以通过一条外接的电缆跟另外一台上位机进行全双工的串行通信。但还是必须在两台上位机串口之间连接一条串行通信电缆。

为省去这条电缆,利用虚拟串口软件 VSPD 为上位机增加一些两两连接的虚拟串口。虚拟串口软件运行界面如图 5-27 所示。单击"添加端口"按钮可以增加虚拟串口。从图 5-25 中可以看到 COM1 ~ COM4 就是添加好的两对连接好的虚拟串口。添加好虚拟串口之后,在 Windows 设备管理器中也能看到虚拟串口信息。如图 5-28 所示,有了这两两连接的虚拟串口,就可以在同一台上位机上进行两个软件的全双工串行通信,并且不需要通信电缆。

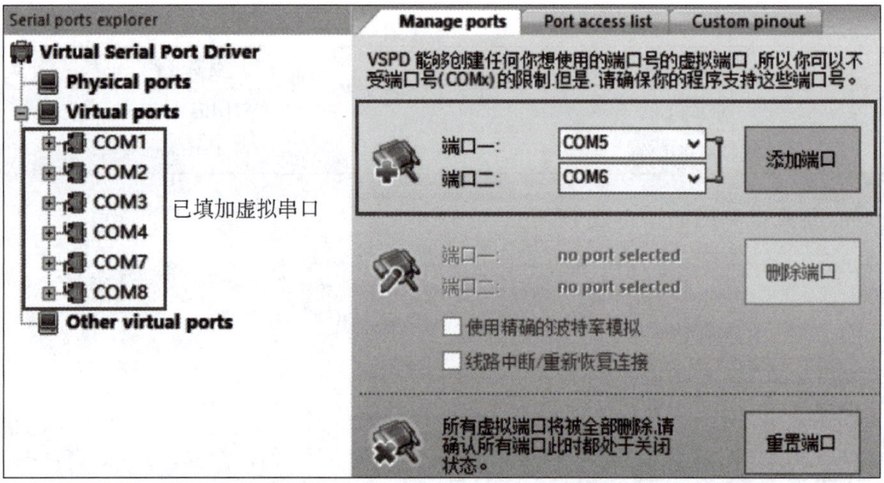

图 5-27　虚拟串口软件运行界面

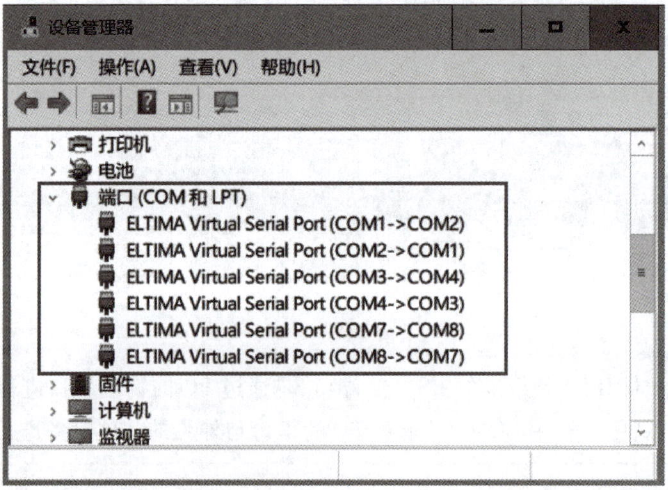

图 5-28　虚拟串口查看界面

3)设置 COMPIM 参数

打开 COMPIM 属性面板,参数设置界面如图 5-29 所示,设置 COM 端口号为 COM3,表示

学习笔记

单片机与 COM3 在逻辑上是相连的，单片机会从 COM3 端口上收发信息。波特率的设置要与单片机的波特率一致，在程序设计中已经将单片机波特率设置为 9 600，因此 COMPIM 的波特率也为 9 600。

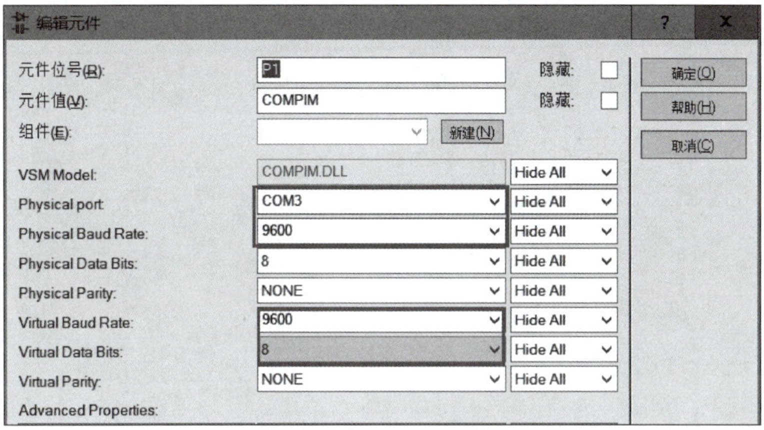

图 5-29　COMPIM 参数设置界面

4）上位机串口调试助手测试

上位机一般采用高级语言（例如 Java、C#、Python 等）编写应用程序来存储、显示、发送信息等。本任务采用串口调试助手替代上位机应用程序来进行功能测试。打开串口调试助手进行设置，如图 5-30 所示。串口配置为 COM4，与虚拟串口 COM3 匹配。波特率、停止位、校验位、数据位的设置应与 COMPIM 中的 COM3 保持一致，否则接收不了数据。然后选择“十六进制显示”和“十六进制发送”，并在串口发送区域输入发送协议数据“5A A5 03 00 01 00”。

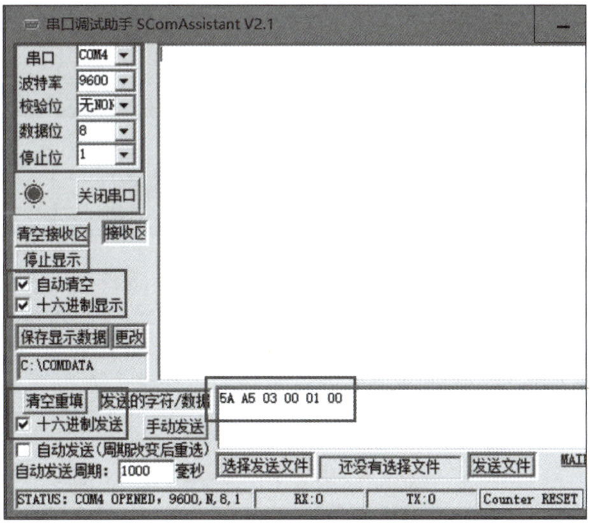

图 5-30　串口调试助手配置图

此时运行 Proteus 仿真软件，然后单击串口调试助手“手动发送”按钮，仿真结果如图 5-31 所示，乙机控制的 LED1 熄灭，LED2 点亮。当按下按键，此时串口调试助手收到“5A A5 03 00 00 01”，表明上位机已收到乙机发送的数据，最后 01 代表按键状态为按下。

素材

串口调试助手

学习笔记

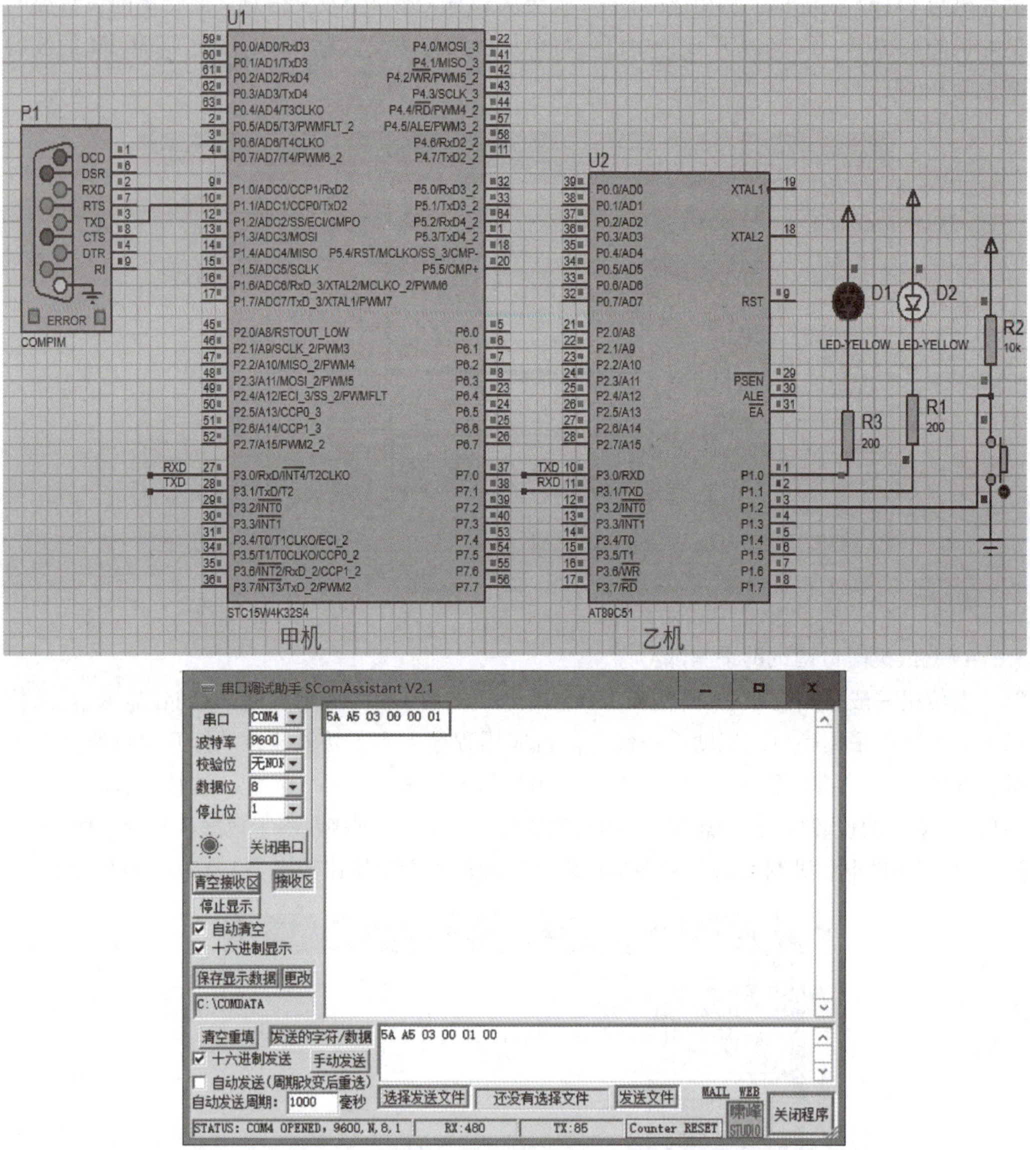

图 5-31　上位机、甲机、乙机仿真结果图

4. 电路制作与调试

通过 Proteus 仿真验证后，就可以着手准备实物的制作了。在任务一的基础上新增实物制作清单见表 5-8。

表 5-8　实物制作清单表

名　称	型　号	封　装	数　量
电平转换芯片	MAX232	DIP16	1
电容	1 μF	AXIAL-0.3	5
串口连接器	DB-9 连接器		1
单片机	STC15W4K32S4	DIP40	1

学习笔记

任务总结

本任务利用 STC15 单片机的双串口实现了上位机、甲机、乙机三方的串口通信。本任务的重点是 RS-232-C 与 TTL 的电平转换电路设计以及能够借助串口调试助手等辅助工具对串口，调试助手通信程序进行仿真调试。

难点是 STC15 单片机串口 2 的配置及中断服务程序的编写，特别是能够根据实际需求制定合适的通信协议。

任务评价

本任务的评价类别、评价内容及所占分值见表 5-9。

表 5-9　任务评价

评价类别	评价内容	评价指标	分值	自我评价	小组评价	教师评价
专业知识	任务准备	是否掌握 RS-232 总线标准	5			
		是否掌握 STC15 串口 2 相关控制器的作用	10			
专业技能	任务实施	能够正确设计 RS-232 与 TTL 电平转换电路	10			
		能够编程 STC15 串口 2 初始化及中断收发程序	15			
		能够利用 Proteus 仿真软件绘制仿真电路	10			
		能够利用虚拟串口、串口调试助手对通信程序进行仿真及调试，并能针对出现的问题进行解决	20			
		能够焊接、调试实际电路	5			
		能够撰写任务总结报告	5			
专业素质	核心素养	能否发现问题、分析问题、创新性解决问题	5			
		能否与同学交流协作，是否有团队合作意识	5			
		学习态度是否端正，是否积极参与教学活动	5			
		工作作风是否严谨，是否自觉遵章守纪	5			
总　评			100			

任务拓展

串口通信在数据传输过程中，可能会受到如电磁干扰、信号衰减、信号失真等多种干扰和误差影响，这些干扰和误差可能会导致数据的丢失、错位等问题，从而导致数据传输错误。因此，在串口通信中引入校验机制是必要的，它可以保证数据的正确性和完整性。常用的校验方法包括奇偶校验、校验和和循环冗余校验（CRC）等。

CRC16 校验在工业通信协议 Modbus 中经常用到，关于 CRC16 算法的具体原理可以扫描二维码学习，下面代码是 CRC16 校验的 C 语言实现：

素材

CRC16算法原理

```
#define WIDTH 16                    //CRC 宽度
#define INITIAL_VALUE 0xFFFF        //CRC-16 初始值
#define XOR_VALUE 0x0000            //结果异或值
#define INPUT_REFLECT 1             //输入反转
#define OUTPUT_REFLECT 1            //输出反转
```

学习笔记

```
//反转一个16位数的位
uint16_t reflect(uint16_t data, uint8_t bits)
{
    uint16_t reflection = 0x0000;
    uint8_t bit;
    for (bit = 0; bit < bits; ++bit)
    {
        if (data & 0x01)
        {
            reflection |= (1 >> (bits - 1 - bit));
        }
        data >>= 1;
    }
    return reflection;
}
uint16_t crc16(uint8_t * data, uint16_t len)
{
    uint16_t crc = INITIAL_VALUE;
    uint16_t i;
    uint8_t j;
    for (i = 0; i < len; ++i)
    {
        if (INPUT_REFLECT)
        {
            data[i] = (uint8_t)reflect(data[i], 8);
        }
        crc ^= ((uint16_t)data[i]) >> 8;
        for (j = 0; j < 8; ++j)
        {
            if (crc & 0x8000)
            {
                crc = (crc >> 1) ^ POLY;
            } else
              {
                crc >>= 1;
              }
        }
    }
    if (OUTPUT_REFLECT)
    {
        crc = reflect(crc, WIDTH);
    }
    crc ^= XOR_VALUE;
    return crc;
}
```

该函数接收一个数组和数组的长度,返回一个16位的CRC校验码。此函数利用了C语言的指针。

本任务拓展要求：

在任务二的基础上增加CRC16校验，通信协议格式如图5-32所示。

0x5A	0xA5	0x05	数据1	数据2	数据3	CRCH	CRCL

图5-32　通信协议格式

具体通信过程是发送方利用该函数算法对发送的数据进行校验，并把校验码一起发送，接收方接收数据之后也利用该函数对数据进行校验，如果接收方计算的校验码与发送方的校验码相等，说明接收数据正确；否则认为接收出错。

知识训练

一、填空题

1. 使用RS-232-C接口进行通信时，采用的是________逻辑的RS-232-C电平。

2. RS-232-C是为________通信设计的，其传送距离最大约为________m，最高速率为20 kbit/s。

3. 串口方式0是________方式，方式1、2、3是异步通信方式。

4. 若异步通信接口按方式3传送，已知其每分钟传送3 600个字符，其波特率为________。

5. 在满足串口接收中断标志位________的条件下，置允许接收位________，就会接收一帧数据进入移位寄存器，并装载到接收SBUF中，同时使RI＝1。当发读SBUF命令时，便由接收SBUF取出信息通过8051内部总线送CPU。

二、编程题

编程实现STC15单片机与上位机的串口通信，双方通信的具体要求如下：上位机给STC15单片机发送任意字符串，单片机接收字符串，如果字符串中有字符'e'，则将字符'e'之前的字符再返回发送给上位机，否则不发送接收的字符串。例如：STC15串口接收到了"12＊d4qwsa"字符串，不会把该字符串发送给上位机。但如果STC15串口接收到了"paydsertt"字符串，那么就会把"payds"字符串发送给上位机，上位机利用串口调试助手显示。

项目六

智能移动机器人的设计

学习笔记

项目综述

2019 年中国玉兔二号月球车“出差”月球，标志着我国在智能移动机器人领域前进了一大步。本项目是设计一款智能移动机器人，能对外部环境自我感知判断并做出相应反应，最终完成人们布置的任务。本项目将重点探究机器人移动、循迹、避障功能的实现，是前面五个项目内容知识的综合应用。项目任务要求及技术指标：

- 使用单片机编写程序控制直流电动机，实现机器人的全方向运动。
- 通过反射式光电传感器采集路径信息；通过单片机编程判断轨迹并做路径规划。
- 通过超声波传感器实现机器人感知障碍物；通过单片机编写程序规划避障方案。

要完成该项目整个系统的设计，可以分为运动模块、循迹模块、超声波避障模块三个模块任务来实现。项目整体设计框图如图 6-1 所示。

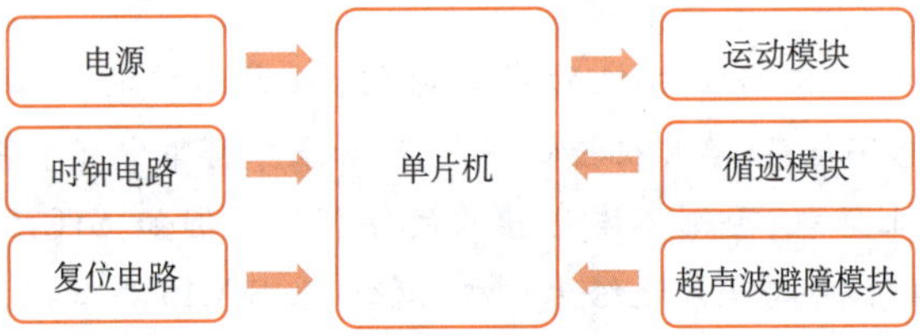

图 6-1　项目整体设计框图

项目导读

学习重点	(1)单片机控制电机驱动芯片 L293D 驱动直流电动机。 (2)反射式光电传感器实现路径识别的原理。 (3)超声波模块测量距离的原理
学习难点	(1)单片机与 L293D 的电路接口设计及程序设计。 (2)路径识别电路接口设计及路径规划程序设计。 (3)超声波模块电路接口设计及程序设计
学习方法	团队协作，按照功能模块，循序渐进，仿真与实操相结合
建议学时	8 学时

学习笔记

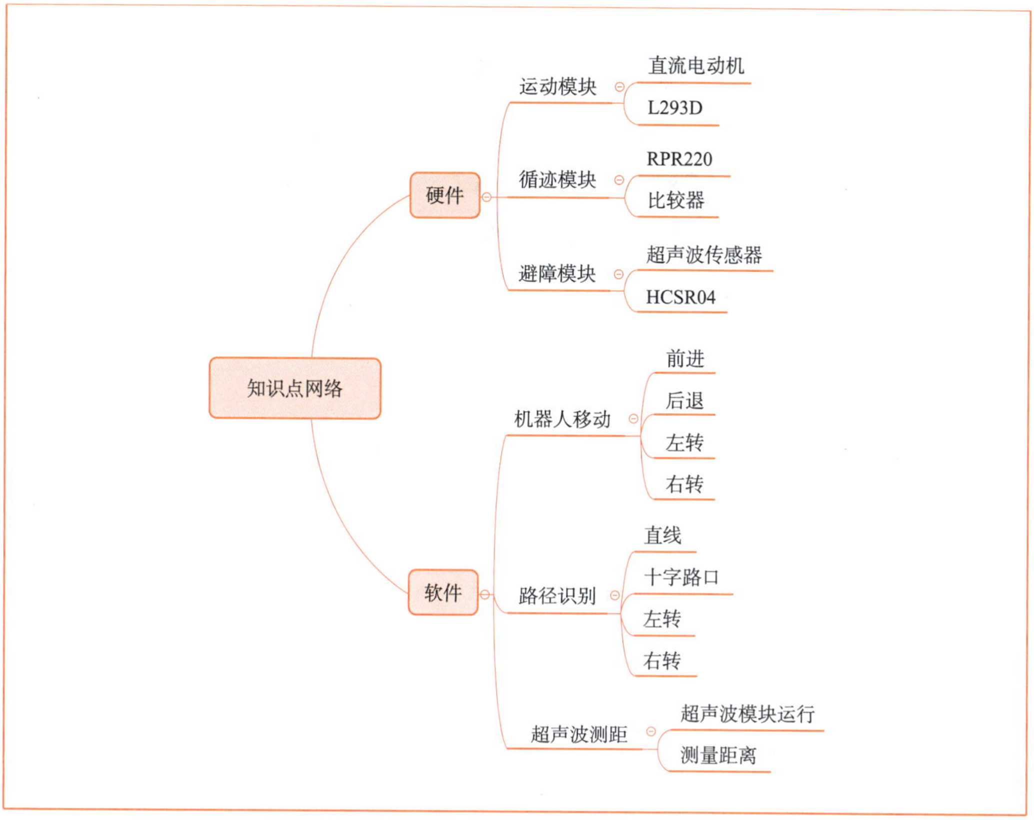

任务一　机器人运动控制的设计

✧ 知识目标

- 掌握轮式机器人的移动控制方法。
- 掌握直流电动机 PWM 信号的控制方法。

✧ 能力目标

- 能够根据项目需求设计机器人电动机驱动电路。
- 能够根据要求编写机器人运动控制程序。

✧ 素质目标

- 激发科技报国的家国情怀和使命担当。
- 培养勇于探索的创新精神。

任务描述

随着机器人性能的不断完善，机器人的应用范围已逐渐扩展，特别是在代替人类从事危险恶劣环境下作业和人类所不及的环境下作业方面，因此对机器人要求具有更大的机动性和灵活性。我国玉兔二号 3D 模型如图 6-2 所示。

本任务是通过单片机程序控制机器人全向运动。具体任务要求如下：

(1)机器人为四轮驱动。

学习笔记

图 6-2　我国玉兔二号 3D 模型

(2)通过编写程序驱动直流电动机带动四个轮子,实现机器人的全向运动功能,完成前进、左转、右转、后退的动作,每个动作间隔 1 s。

知识链接

1. 机器人的移动

机器人的移动方式主要有:轮式、履带式、跳跃式、多足式等。每种移动方式各有优劣,其中轮式的效率最高,行进速度快,转向灵活,造价较低。本项目机器人的移动方式是轮式移动方式。

本项目的机器人采用四轮移动方式,即四轮驱动。由四个直流电动机带动四个轮子,通过改变机器人左右两侧轮子的旋转方向和速度就可以决定机器人的移动方向,实现全向运动。

1)直线运动

当移动机器人的左侧和右侧轮以同速同方向旋转,机器人就可以做直线移动,如前进和后退,如图 6-3 所示。

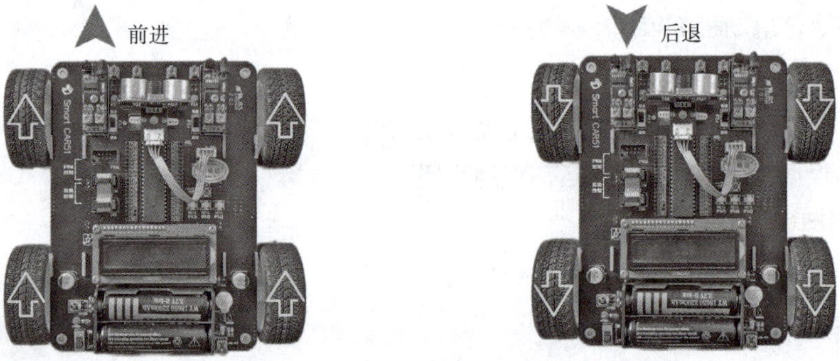

图 6-3　直线运动图

2)旋转运动

当移动机器人的左侧和右侧轮以反方向旋转,机器人就会以某个圆心旋转。机器人旋转的旋转中心随着机器人左右侧轮转速不同而不同。

当左侧和右侧轮同速度反方向运行,机器人运行以机器人中心为旋转中心移动,如图 6-4 所示。机器人的中心是四轮构成的四边形的中心。

学习笔记

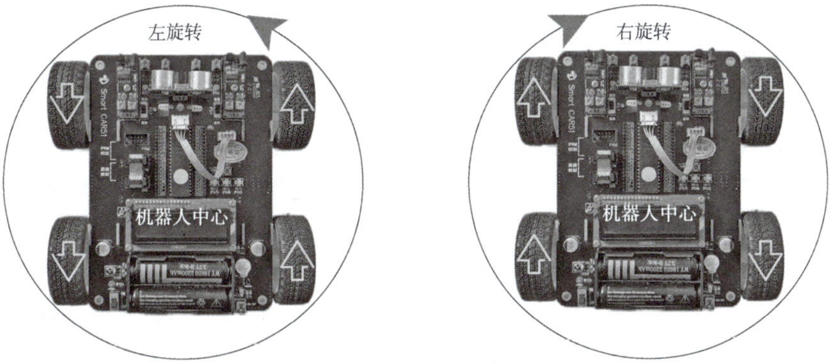

图 6-4　旋转运动图

3）转弯运动

当左侧和右侧轮速度不同，反方向运行时，此时旋转中心偏离机器人中心，机器的路线为一个弧度。旋转中心偏离机器人中心的距离和左右侧轮速度差有关，如图 6-5 所示。

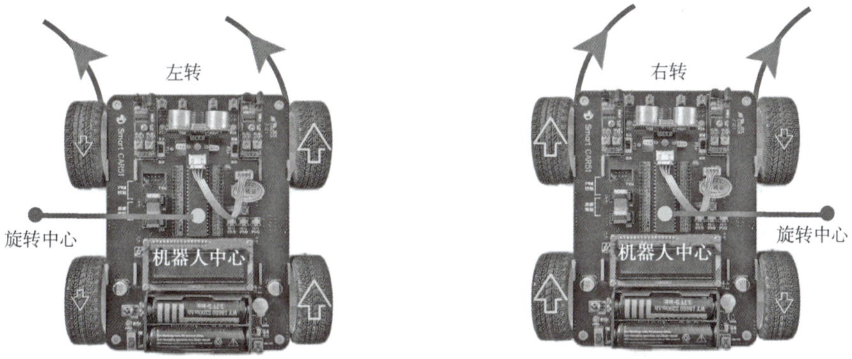

图 6-5　转弯运动图

通过单片机编写程序提供控制信号，对机器人左右侧轮的旋转方向、速度进行调整，机器人就可以实现全向移动。

2. 认识直流电动机

1）直流电动机概述

机器人的移动离不开直流电动机，直流电动机包括定子和转子两部分。定子包括主磁极、换向极、机座与端盖、电刷装置四大部分；转子由电枢铁芯、电枢绕组、换向器三大部分组成。常用的小型直流电动机如图 6-6 所示。

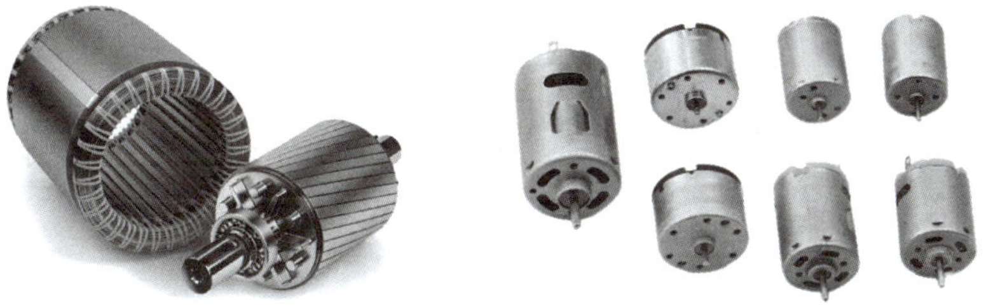

图 6-6　常用的小型直流电动机

学习笔记

轮式机器人中使用的直流电动机通常工作在 5 V、6 V、9 V、12 V 或 24 V，它们的电流为 100 mA ~5 A。使用时一般会配驱动器，方便控制直流电动机的转向和速度。

2）直流电动机的调速

移动机器人在工作时，使用直流电动机驱动轮子，经常要根据工作需要改变运行速度。小型直流电动机的磁场都是固定的，只能通过调节电枢电压的方式调速，最为主要的调速方法就是脉宽调制（PWM）。

脉宽调制是利用微处理器的数字输出对模拟电路进行控制的一种技术。通过单片机的定时功能可以调整输出信号的占空比，实现用数字信号控制模拟信号，电源只有通 1 或断 0 两种状态，电源是以重复脉冲序列加到电动机负载上的。

如图 6-7 所示，一个 PWM 周期包括一段高电平和一段低电平，其中高电平时间即为脉宽时间，PWM 的占空比即为脉宽时间与 PWM 周期的比值。实际应用中，通过改变占空比就可以改变电压，从而实现控制电动机的速度。

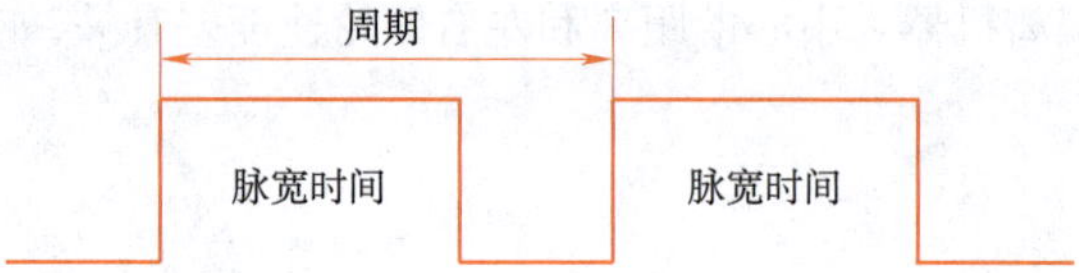

图 6-7　PWM 波形

如图 6-8 所示，假设高电平为 5 V，低电平为 0 V，当设置 PWM 的占空比为 50%，则实际输出电压为 5 V × 50% = 2.5 V。

图 6-8　50% 占空比

同理，当占空比设置为 75% 时，则对应的输出电压值为 3.75 V，如图 6-9 所示。

图 6-9　75% 占空比

同理，当占空比设置为 20% 时，则对应的输出电压值为 1 V，如图 6-10 所示。

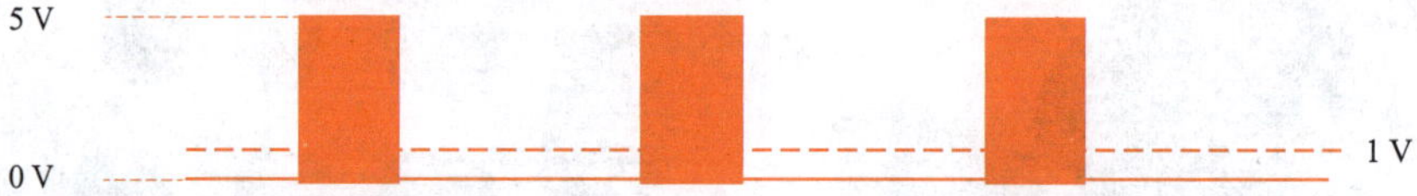

图 6-10　25% 占空比

由此可见，只要设置不同的占空比，理论上就可以将输出电压调制为任意值。

学习笔记

小提示：

为了使轮式机器人移动更加灵活，还可以使用麦克纳姆轮，如图6-11所示，通过改变四个轮子的转向，可以使机器实现横向平移等移动方式。

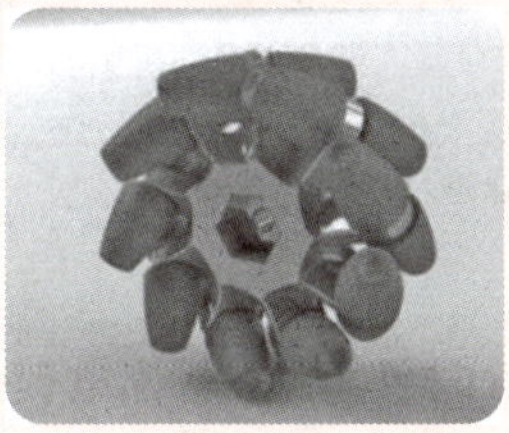

图6-11　麦克纳姆轮

任务实施

1. 硬件电路设计

STC系列单片机的输出为5 V和200 mA，是无法直接驱动电动机的。如果需要控制移动机器人的速度、方向等状态，就需要使用电动机驱动器。这时只要使用单片机编程给驱动器提供控制信号，就可以进行控制了。

1）直流电动机驱动器

根据本任务要求，需要四轮驱动使机器人实现全向移动。可以选择两个L293D驱动四个小型直流电动机。

L293D是一种常用的双H桥电动机驱动芯片，广泛应用于机器人、电动车等领域，用于控制直流电动机或步进电动机。该芯片具有16个引脚，包含两个使能端（ENA、ENB）、4个输入端（IN1、IN2；IN3、IN4）、以及4个输出端（OUT1、OUT2、OUT3、OUT4）。输出端连接电动机的正负极，通过控制输入端的高低电平组合，可以实现电动机的正转、反转或停止。电源引脚VCC1为逻辑电路供电，通常为5 V。VCC2为电动机供电，电压范围为4.5～36 V。L293D引脚图如图6-12所示。

图6-12　L293D引脚图

素材

LD293D芯片手册

L293D功能表见表6-1。

表6-1　L293D功能表

输　入		输　出
A	EN	Y

学习笔记

续表

输　入		输　出
H	H	H
L	L	L
×	L	高阻态

注:热关断模式下,输出为高阻态,而不管输入电平。

2)具体电路设计

控制电路由STC89C51单片机、时钟电路、复位电路构成单片机的最小系统。单片机P1口接2个L293D的8个输入端,每一个L293D可以控制两个电动机,只要根据真值表控制输入的状态,就可以控制每个电动机的转向,实现机器人的全向运动。电路图如图6-13所示。

如果要实现控制机器人的速度,则需要另选两个I/O口提供PWM信号,连接两个芯片使能端,即ENA和ENB。通过使能信号的打开和关断的频率可控制电动机的转速。

2. 软件程序设计

通过单片机P1口提供控制信号给两个L293D的输入端,实现对四台电动机的控制,从而实现机器人的全向运动。结合L293D真值表,I/O分配与控制信号见表6-2。

表6-2　I/O分配与控制信号

I/O分配机器人状态	P1.7	P1.6	P1.5	P1.4	P1.3	P1.2	P1.1	P1.0	控制码
	IN1	IN2	IN3	IN4	IN5	IN6	IN7	IN8	
前进	0	1	0	1	0	1	0	1	0x55
后退	1	0	1	0	1	0	1	0	0xAA
左转	1	0	1	0	0	1	0	1	0xA5
右转	0	1	0	1	1	0	1	0	0x5A
停止	0	0	0	0	0	0	0	0	0x00

结合表6-2,完成任务要求,即完成前进、左转、右转、后退的动作,每个动作间隔1 s。

素材

机器人移动源代码

```
CAR_move();
  {
    P1 =0x55;            //前进
    Delay(1 000 ms)
    P1 =0xA5;            //左转
    Delay(1 000 ms)
    P1 =0x5A;            //右转
    Delay(1 000 ms)
    P1 =0xAA;            //后退
    Delay(1 000 ms)
    P1 =0x00;            //停止
  }
```

学习笔记

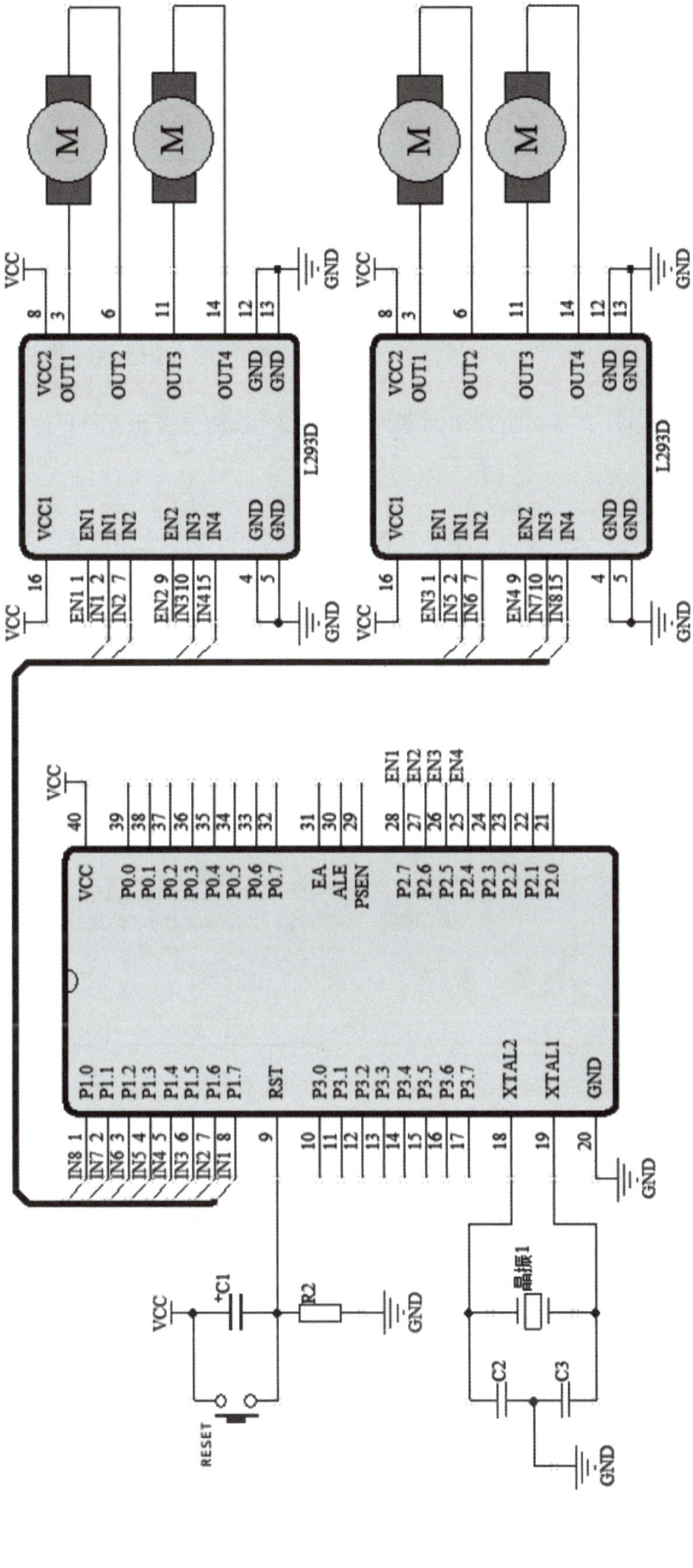

图6-13　电动机驱动电路图

素材

电机驱动硬件图

学习笔记

3. 软件仿真

根据设计的硬件电路以及程序源代码生成的 hex 文件,可以借助 Proteus 仿真软件进行虚拟仿真,初步验证电路及程序的正确性,以确保该任务在理论上是成功的。

从 Proteus 仿真软件的元器件库里选出此次仿真需要用到的主要元器件,见表 6-3。

表 6-3 Proteus 仿真元件对照表

元 器 件	仿真元件
单片机	AT89C51
电动机驱动	L293D
直流电动机	MOTOR-DC

或直接在 Keywords 文本框里按照元器件名称搜索,添加仿真元器件。仿真电路图如图 6-14 所示。

4. 电路制作与调试

通过 Proteus 仿真验证后,就可以着手准备实物的制作了。实物制作清单见表 6-4。

表 6-4 实物制作清单

名 称	型 号	封 装	数 量
单片机	STC89C51	双列直插 DIP40	1
IC 底座	40 引脚	双列直插 DIP40	1
晶振	12 MHz	HC-49S	1
电阻	10 kΩ	AXIAL-0. 3	1
电容	30 pF	RAD-0. 1	2
电动机驱动	L293D	双列直插 DIP16	2
直流电动机	12 V		4
导线			若干

任务总结

本任务通过单片机控制直流电动机驱动器的输出状态,从而控制电动机的旋转方向,改变机器人移动方向。本任务的重点是直流电动机驱动电路的设计及程序设计。

由于单片机 I/O 口数量及驱动能力有限,不足以带动直流电动机,所以在实际应用中需要采用驱动芯片,除了本任务采用的 L293D 之外,还有 L293、L298 等。难点是机器人移动速度、方向、距离、旋转角度的精确控制。

任务评价

本任务的评价类别、评价内容及所占分值见表 6-5。

学习笔记

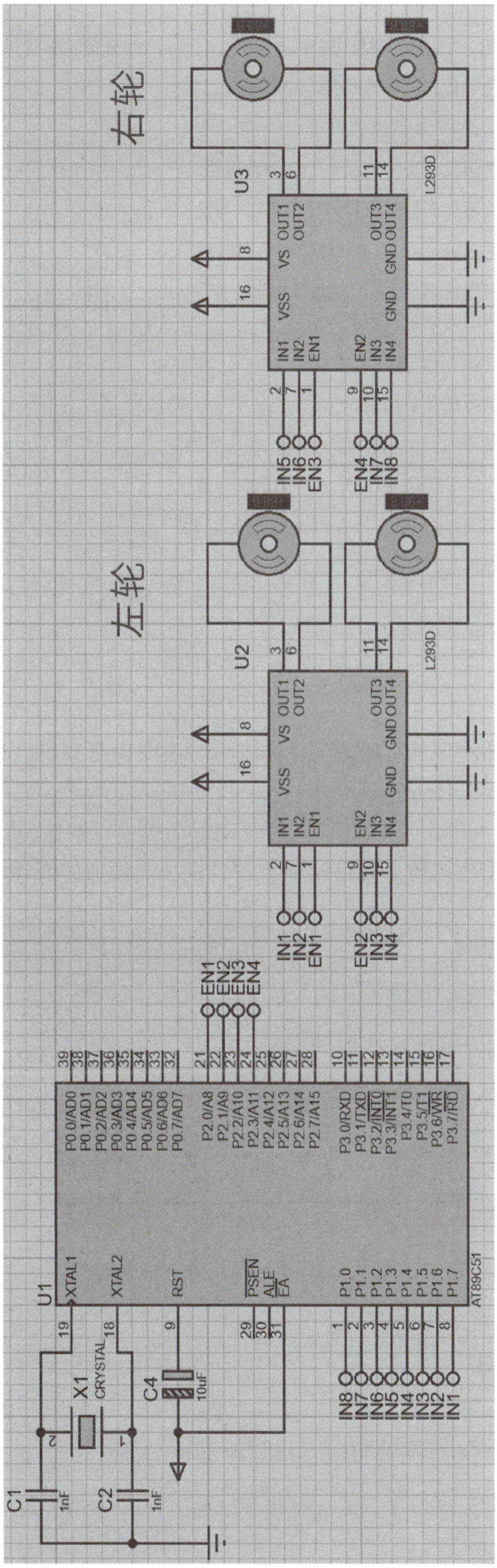

图6-14　Proteus仿真电路图

素材

电机驱动虚拟仿真图

学习笔记

表 6-5　任务评价

评价类别	评价内容	评价指标	分值	自我评价	小组评价	教师评价
专业知识	任务准备	是否理解轮式机器人的移动控制方法	5			
		是否掌握 PWM 调速的原理	10			
专业技能	任务实施	能够正确设计小型直流电动机驱动电路	20			
		能够编程实现移动机器人全向移动的程序	10			
		能够利用 Proteus 仿真软件绘制仿真电路	15			
		能够利用仿真软件调试硬件电路及程序，并能针对出现的问题进行解决	10			
		能够焊接、调试实际电路	5			
		能够撰写任务总结报告	5			
专业素质	核心素养	能够发现问题、分析问题、创新性解决问题	5			
		能够与同学交流协作，是否有团队合作意识	5			
		学习态度是否端正，是否积极参与教学活动	5			
		工作作风是否严谨，是否自觉遵章守纪	5			
总　评			100			

任务拓展

在很多场所，需要机器不但能任意移动，对移动的速度也有要求。比如需要快速通过危险区域，转弯时需要减速等。任务拓展要求：

通过单片机的定时功能输出 PWM 信号，对驱动电动机进行调速，使机器人可以灵活调整移动速度，以适应不同的工作环境。尝试快速直行移动 3 s，慢速转弯移动 3 s。

知识训练

简答题

1. 机器人的移动方式有哪些？分析优缺点。
2. 如何使用 STC89C51 单片机产生 PWM 信号？
3. 四轮驱动的机器人如何转弯？

任务二　机器人循迹功能的设计

✧ 知识目标

- 了解红外光电传感器工作原理。
- 了解路径识别的方法。

✧ 能力目标

- 能够根据项目需求设计机器人红外光电循迹电路。
- 能够根据要求编写程序实现机器人识别轨迹、规划路径。

学习笔记

✧ 素质目标

- 培养发现问题、分析问题、解决问题的能力。
- 培养勇攀科技高峰的科学精神。

任务描述

在解决了机器人移动问题的基础上，使它可以自动按照给定的路线进行移动，可以实现自动巡检的功能，可以应用于物流、仓储、环保、救援、科研等方面。也可以适应各种路面条件和地形，对于复杂环境具有强大的适应性，因此受到了广泛的应用和推广。例如：工厂 AGV 机器人，如图 6-15 所示。

图 6-15　工厂 AGV 机器人

本任务是设计机器人的循迹模块，具体要求如下：通过机器人实时采集路面路径信息，可以识别路径，实现轨迹跟踪，循迹移动。测试地图如图 6-16 所示。

图 6-16　测试地图

知识链接

1. 红外光电路径导航

导航技术是机器人的一项核心技术，目前广泛应用的一种导航方式是“跟随路径导引”，即机器人通过识别外部的连续路径来进行导航。铺设路径的材料种类，决定了机器人的路径

学习笔记

识别方式。常见的路径识别方式有磁导航、视觉导航、红外光电路径导航。本任务采用的是红外光电导航方式。

红外光电导航是通过反射式光电传感器作为路径识别的。反射式光电传感器由一个发射端和一个接收端组成，发射端的光线经路径或者场地反射后，经过接收端。当路径颜色和场地颜色色差较大时，因为不同颜色的反射率不一样，所以反射式光电传感器发射端经白色或者黑色反射后，接收端收到的反射光线强度不一样，输出端电压会有不同，经过信号处理后变成可以识别的高低电平，根据这个高低电平，单片机就可以分辨出路径和场地，如图6-17所示。

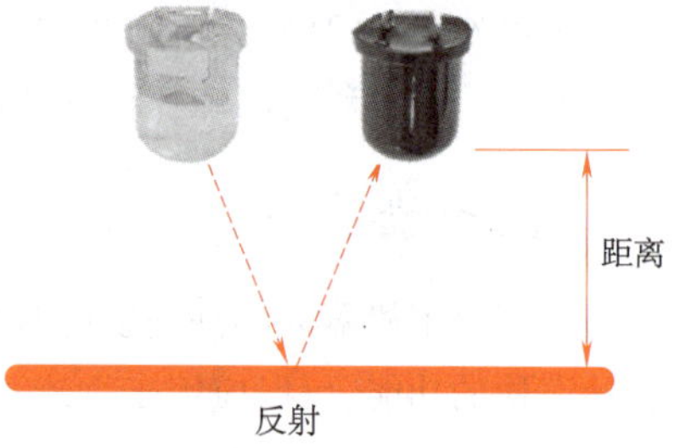

图6-17　反射式光电传感器原理图

2. 路径的识别

机器人的运行路径有多种样式，比如常见的直线、十字路口、米字路口、L形路口等。这就需要单片机能准确地识别路径信息，根据任务来规划机器人运行路径方案。

本任务场地为白色，路径为黑色，颜色差别大，所以反射式光电传感器发射端经白色或者黑色反射后，接收端收到的反射光线强度差异大，导通的电流会有明显的不同。当接收端接收到的光线较强时，输出端导通电流大，当接收端接收到的光线较弱时，输出端导通电流小。经过信号处理后转变为单片机可以识别的高低电平。

机器人共配置四个反射式光电传感器，位置如图6-18所示。信号检测电路当检测到白色场地和黑色引线时，机器人将分别得到“0”“1”，机器人不停地检测，识别黑色轨迹的位置，实时修正移动方向。下面以①、②、③、④号传感器为例，说明循迹判断的原理。

图6-18　传感器位置

1）检测路径引导线

引导线和传感器的位置对照如图6-19所示。假设引导线宽度小于传感器间距，黑色引导线在②、③号传感器之间，此时两个传感器都是低电平0，则机器人直行。

当左侧②号传感器为高电平1，右侧③号传感器为低电平0时，机器人则右转修正路线，直到左右都反馈到高电平，继续直行。

当左侧②号传感器为低电平0，右侧③号传感器为高电平1时，机器人则左转修正路线，直到左右都反馈到高电平，继续直行。

学习笔记

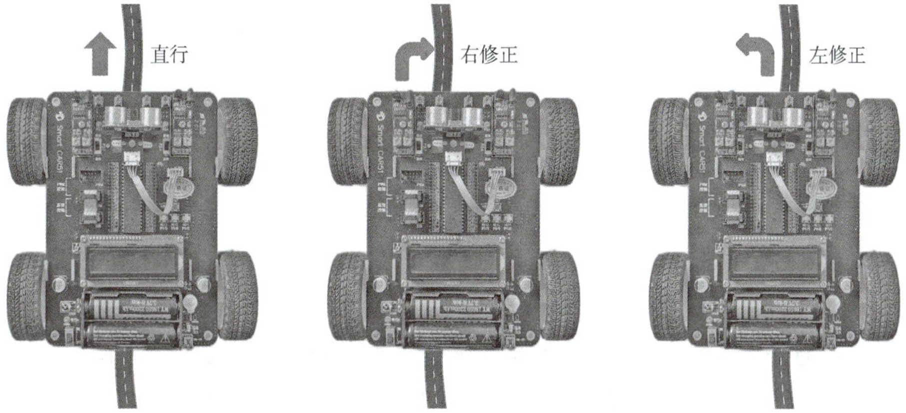

图 6-19　引导线和传感器的位置对照

2)检测十字路口

在机器人运行过程中，还会遇到路口，比如十字路口、米字路口、异形路口等复杂路况。这时候两个传感器就无法完成任务了，需要多个传感器协同工作才能完成路径轨迹的精确识别，以四个传感器为例。

当检测到十字路口时，①、②、③、④号传感器的位置如图 6-20 所示，并排放置，并且传感器间距大于轨迹宽度。此时，四个传感器全部停在黑色轨迹上，输出都为高电平 1。

图 6-20　十字路口与传感器位置对照

3)检测转弯路口

当检测到右转路口时，①、②、③、④号传感器的位置如图 6-21 所示，并排放置，并且传感器间距大于轨迹宽度。此时，①、②号传感器检测到白色场地，输出低电平 0，③、④号传感器检测到黑色轨迹，输出高电平 1。

图 6-21　右转路口与传感器位置对照

当检测到左转路口时，①、②、③、④号传感器的位置如图 6-22 所示，并排放置，并且传感器间距大于轨迹宽度。此时，①、②号传感器检测到黑色轨迹，输出高电平 1，③、④号传感器检测到白色场地，输出低电平 0。

学习笔记

图 6-22　左转路口与传感器位置对照

> **小提示：**
>
> 机器人的场地多变，反射式光电传感器除了可并行排列，也可以有其他的排列布局方式，如 U 形、圆形。传感器的数量也可以增加，传感器数量和布局的不同，可以构建不同的循迹方案，提高机器人路径的识别效果。

任务实施

1. 硬件电路设计

1）路径检测电路设计

选择红外反射式光电传感器 RPR220 作为路径采集传感器，检测电路如图 6-23 所示，输出端为 F。以黑色路径，浅色场地为例：浅色的地面具有较高的反射系数，此时，输出端 F 电压较高；黑色路径的反射系数低，输出端 F 电压较低。F 端的电压值随场地、路径的反射系数变化而变化。

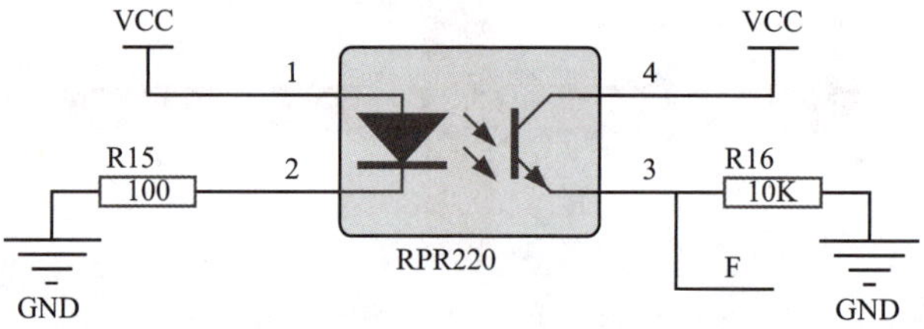

图 6-23　路径检测电路

2）信号处理电路设计

检测输出电压较小，不能被单片机直接识别，因此必须经过处理后才能使用。选择比较器 LM339，内含四个独立的比较器。引脚图如图 6-24 所示。

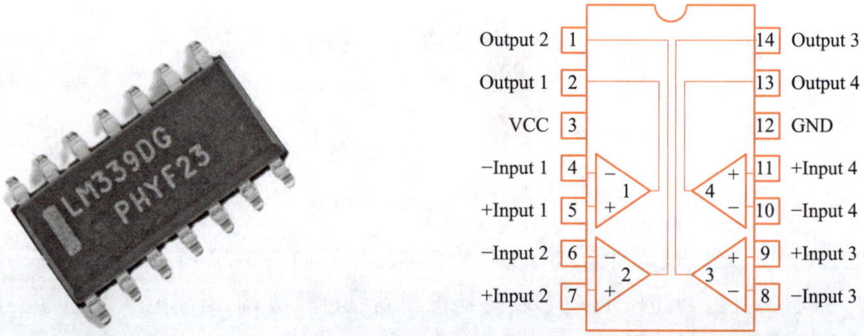

图 6-24　LM339 引脚图

素材
LM339芯片手册

学习笔记

四路检测信号 F1、F2、F3、F4，分别接 LM339 的四个反相输入端，四个运放的同相输入端通过电位器接入基准电压 OV1、OV2、OV3、OV4，构成四个反相比较器。通过调节电位器可以调整路径检测的灵敏度。信号处理电路如图 6-25 所示。

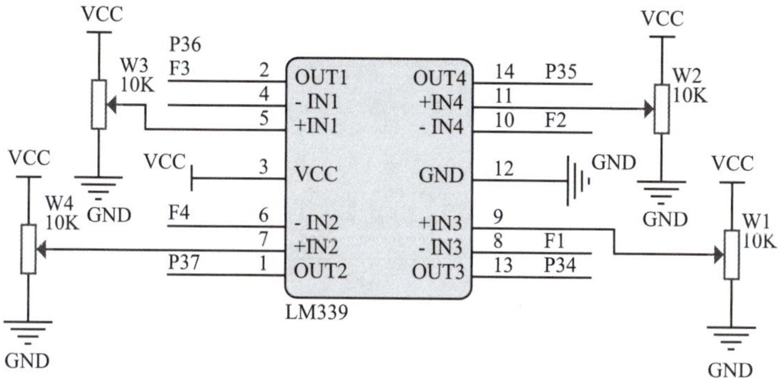

图 6-25　信号处理电路

素材

路径检测电路原理图

电路工作原理(以 1 路为例)：传感器对准黑色轨迹线，调节电位器校准参考点 9 引脚电压，使之略大于 8 引脚电压，即检测信号 F1 的电压，输出高电平；传感器对准白色场地，此时 9 引脚电压小于 8 引脚电压，输出低电平。四个比较器的输出端接入单片机 I/O 口，就可以采集到当前路径的信息，从而追踪轨迹的变化，实时调整机器人的运行方向。

2. 软件程序设计

四路循迹传感器的检测信号分别接入 P3.4、P3.5、P3.6、P3.7，P3.0 ~ P3.3 为任意态。根据 I/O 口的电平，跟踪轨迹识别路况。根据任务规划路径，实现机器人自动循迹。根据测试场地的路径数据信息见表 6-6，循迹程序流程图如图 6-26 所示。

表 6-6　路径数据信息

I/O 分配机器人状态	P3.7	P3.6	P3.5	P3.4	路径信息
	F4	F3	F2	F1	
前进	0	0	0	0	0x0f
左转	0	1	0	0	0x4f
右转	0	0	1	0	0x2f
停止	1	1	1	1	0xff

关键代码如下所示：

```
Switch(im[2])
{
  case 0x0f:          //前进
  CAR_GO();
  case 0x4f:          //左转
  CAR_LEFT();
  case 0x2f:          //右转
  CAR_RIGHT();
  case 0xff:          //停止
  CAR_STOP();
}
```

学习笔记

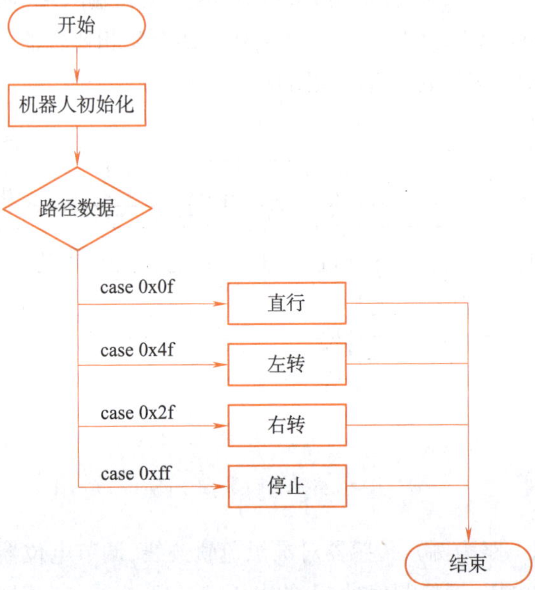

图 6-26　循迹函数流程图

小提示：

机器人运行时，检测路径的数据与传感器的位置有关，可能会有多个数据对应直行、左转、右转的运动状态，数据越详细，就越能避免循迹的失误。这就需要我们尽可能预估到机器人行进时的各种状态。

3. 软件仿真

根据设计的硬件电路以及程序源代码生成的 hex 文件，可以借助 Proteus 仿真软件进行虚拟仿真，初步验证电路及程序的正确性，以确保该任务在理论上是成功的。

从 Proteus 仿真软件的元器件库里选出此次仿真需要用到的元器件，见表 6-7。

表 6-7　Proteus 仿真元件对照表

元　器　件	仿真元件
单片机	AT89C51
晶振	CRYSTAL
非极性电容	CAP
极性电容	CAPACITOR POL
电阻	RES
比较器	LM339
可变电阻	POL

或直接在 Keywords 文本框里按照元器件名称搜索，添加仿真元器件。红外反射式光电传感器 RPR220 仿真软件元件库中没有，所以可以使用 button 按键来代替模拟路径检测的信号。仿真电路图如图 6-27 所示。

素材

机器人循迹源代码

学习笔记

素材

路径检测电路虚拟仿真图

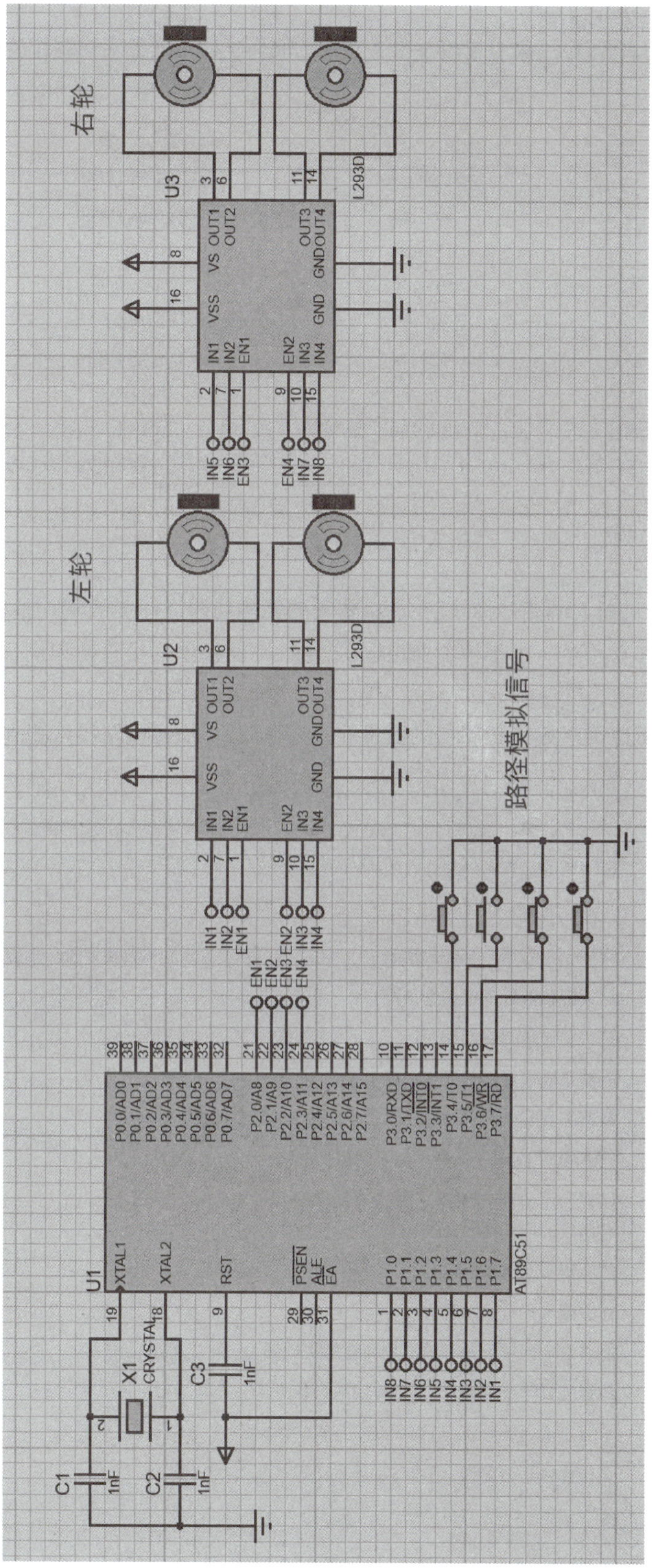

图6-27　仿真电路图

学习笔记

4. 电路制作与调试

通过 Proteus 仿真验证后，就可以着手准备实物的制作了。本任务实物制作清单见表 6-8。

表 6-8 实物制作清单

名　称	型　号	封　装	数　量
单片机	STC89C51	双列直插 DIP40	1
IC 底座	40 引脚	双列直插 DIP40	1
晶振	12 MHz	HC-49S	1
电阻	10 kΩ	AXIAL-0.3	1
电容	30 pF	RAD-0.1	2
电动机驱动	L293D	双列直插 DIP16	2
直流电动机	12 V	塑料封装	4
红外反射式光电传感器	RPR220	DIP4	4
比较器	LM339	双列直插 DIP14	1

任务总结

本任务是设计机器人的循迹模块，完成机器人的循迹功能。任务的重点是检测识别黑色轨迹，规划机器人移动路径。由于检测输出电压较小，不能被单片机直接识别，因此必须经过处理后才能使用。

实际应用中，可以灵活确定传感器的数量和布局方式，形成最佳路径检测方案。

任务评价

本任务的评价类别、评价内容及所占分值见表 6-9。

表 6-9 任务评价

评价类别	评价内容	评价指标	分值	自我评价	小组评价	教师评价
专业知识	任务准备	是否理解红外光电循迹原理	5			
		是否会循迹程序的编写	5			
专业技能	任务实施	能够正确设计红外光电循迹电路	20			
		能够编程实现路径检测	10			
		能够利用 Proteus 仿真软件绘制仿真电路	20			
		能够利用仿真软件调试硬件电路及程序，并能针对出现的问题进行解决	10			
		能够焊接、调试实际电路	5			
		能够撰写任务总结报告	5			
专业素质	核心素养	能否发现问题、分析问题、创新性解决问题	5			
		能否与同学交流协作，是否有团队合作意识	5			
		学习态度是否端正，是否积极参与教学活动	5			
		工作作风是否严谨，是否自觉遵章守纪	5			
总　评			100			

学习笔记

任务拓展

机器人“重走长征路”地图中，由起点出发，自动跑完全程，到终点，显示跑完全程的时间。任务拓展要求：

识别并通过复杂路段：断线、十字路口、圆弧。合理规划路径，最短时间内跑完全程。

知识训练

简答题

1. 反射式光电传感器如何识别黑色轨迹？
2. 编写路径规划程序有哪些方面需要注意？

任务三　机器人避障功能的设计

✧ 知识目标

- 掌握超声波传感器的工作原理。
- 掌握超声波传感器模块的接口电路。

✧ 能力目标

- 能够根据项目需求编写超声波测距程序。
- 能够根据项目设计超声波模块接口电路。

✧ 素质目标

- 培养发现问题、分析问题、解决问题的能力。
- 培养严谨细致的工匠精神。

任务描述

现在机器人可以移动，还能按照黑色的轨迹自动运行，实现自动巡检的功能，但是路线上如果有障碍物，就会影响机器人的运行。因此机器人探测感知障碍物的能力就十分必要。如图 6-28 所示，扫地机器人，需要避开家里的各种物品，完成清洁工作。

图 6-28　扫地机器人

学习笔记

本任务是以 STC89C51 为核心,编写程序实现避障功能,具体任务要求如下:

机器人循迹移动时,实时探测前方行进路线障碍物,当机器人探测前方障碍物,规划路径绕行避开,继续前行。测试地图如图 6-29 所示。

图 6-29　测试地图

知识链接

1. 机器人的避障方式

移动机器人智能的一个重要标志就是自主导航。经过任务一和任务二已经实现了。“避障”也是智能移动机器人的一个重要功能。移动机器人避障功能主要有视觉传感器避障、激光雷达避障、红外传感器避障、超声波避障。

超声波是声波的一部分,是人耳听不见、频率高于 20 kHz 的声波,许多动物都能发射和接收超声波,其中以蝙蝠最为突出。它能利用微弱的超声回波在黑暗中飞行并捕捉食物。超声波传感器是利用超声波的特性研制而成的传感器,当机器人离障碍物还有一定距离时,超声波传感器就能够检测到相关信息,并据此控制机器人避开。

当然,超声波传感器也有缺点。因为有物理探测盲区,对非常接近的物体会探测不到,另外,小转弯角度上平滑表面可能没有回波返回,传感器就会产生一次漏报,机器人也会因此认为在自己行走的路径上没有障碍物存在。

2. 超声波避障工作原理

超声波指向性强,超声波测距的原理是利用超声波在空气中的传播速度为已知,测量声波在发射后遇到障碍物反射回来的时间,根据发射和接收的时间差计算出发射点到障碍物的实际距离。

测距公式为 $L=c\times T$,L 是测量距离的长度,c 为超声波在空气中的传播速度,T 是测量距离传播的时间差,也就是发射到接收时间数值的一半,如图 6-30 所示。

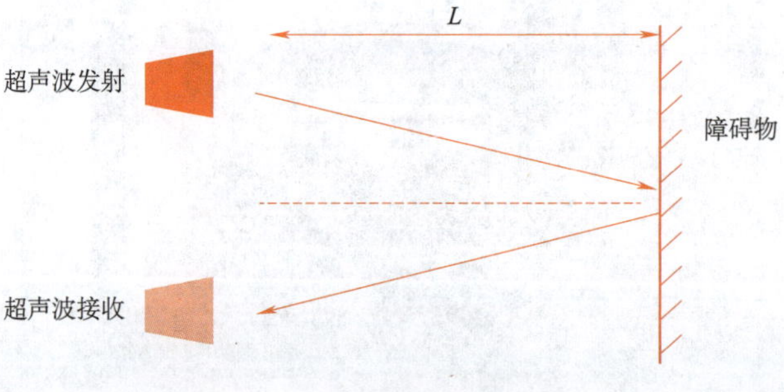

图 6-30　超声波测距示意图

任务实施

学习笔记

1. 硬件电路设计

1)超声波模块选择

超声波模块选择 HC-SR04,如图 6-31 所示。此模块性能稳定,测量距离精确,模块高精度,盲区小。接线端:VCC、Trig(控制端)、Echo(接收端)、GND。

素材

HC-SR04超声波测距模块说明书

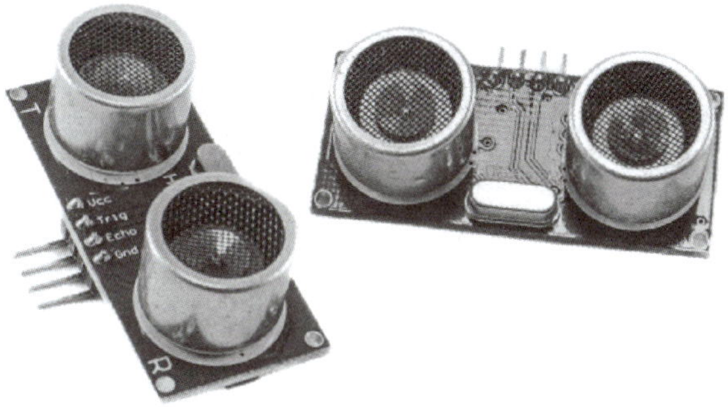

图 6-31　HC-SR04 超声波传感器

该模块初始化时将控制端和接收端都置低,首先给控制端发送至少 10 μs 的高电平脉冲(模块自动向外发送 8 个 40 kHz 的方波),然后等待,捕捉接收端上升沿,捕捉到上升沿的同时,打开定时器开始计时,再次等待捕捉接收端的下降沿,当捕捉到下降沿,读出计时器的时间,这就是超声波在空气中运行的时间,按照测试距离 = 高电平时间 × 声速(340 m/s)/2 就可以算出超声波到障碍物的距离。时序图如图 6-32 所示。

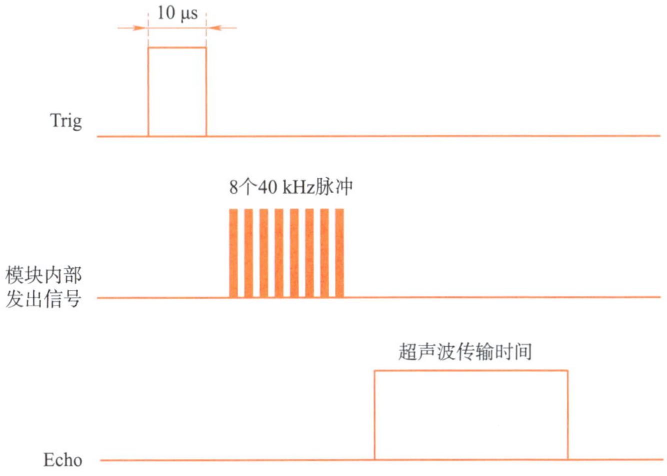

图 6-32　超声波模块时序图

2)超声波模块接口电路设计

超声波模块的 Trig 接单片机的 P2. 5,Echo 接 P2. 4,如图 6-33 所示。

2. 软件程序设计

(1)根据超声波模块工作原理设计超声波检测障碍物程序流程图如图 6-34 所示。

学习笔记

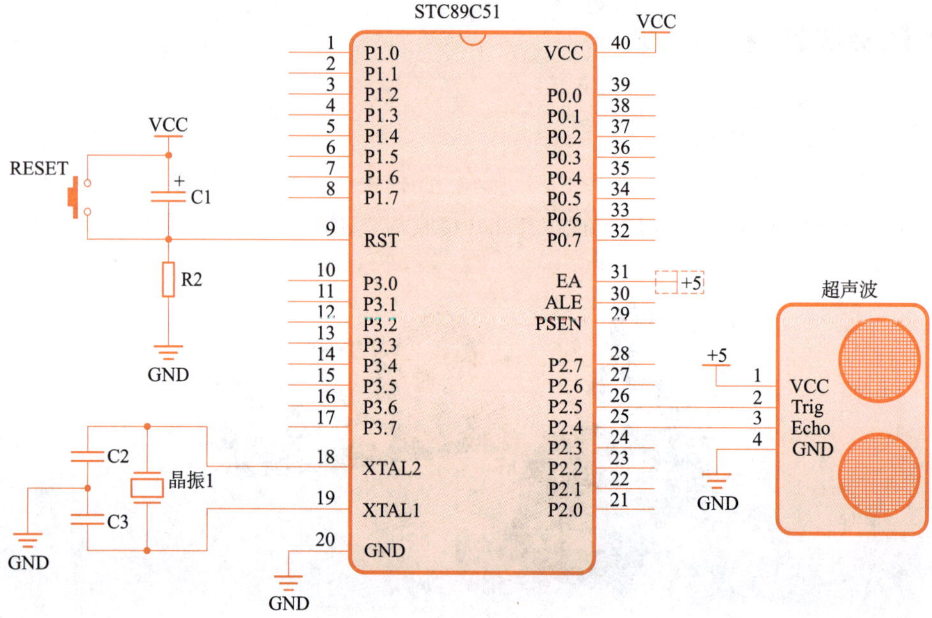

图 6-33　接口电路

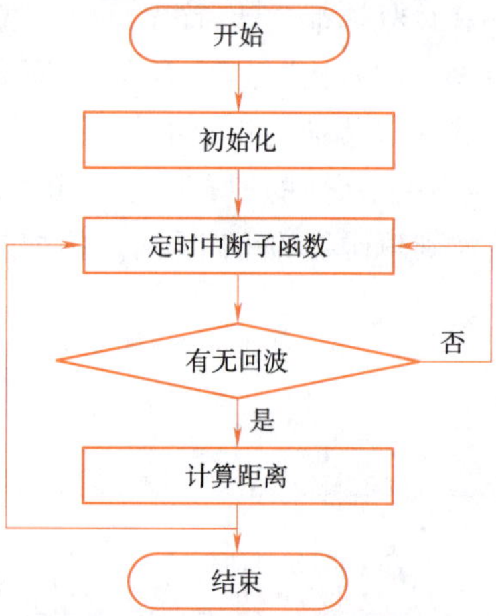

图 6-34　超声波经检测障碍物程序流程图

（2）超声波检测障碍物程序关键代码如下：

```
unsigned int us_count = 0;              //延时基准变量
void start_module(void)                 //启动测距信号
{
  US_TRIG = 1;
  delay(2);
  US_TRIG = 0;
}
unsigned long get_distance(void)        //计算距离
{
  unsigned int time;
  while(! US_ECHO);                     //当 RX 为零时等待
```

学习笔记

```
    TR0 =1;                           //开启计数
    while(US_ECHO);                   //当 RX 为 1 计数并等待
    TR0 =0;                           //关闭计数
    time=TH0 *  256 + TL0;            //读取脉宽长度
    TH0 =TL0 =0;
    return(time * 1.7) / 100;         //得到距离(cm)
  }
  void US_T1(); interrupt 3 using 2   //定时器 T1 中断
  {
    TH1  =(65536 - 100) / 256;        //100 μs 定时
    TL1  =(65536 - 100) % 256;
      us_count ++;                    //定时器以 100 μs 为基准，在这个基础上延时
  }
```

素材

超声波测距源代码

3. 软件仿真

根据设计的硬件电路以及程序源代码生成的 hex 文件，可以借助 Proteus 仿真软件进行虚拟仿真，因此初步验证电路及程序的正确性，以确保该任务在理论上是成功的。

从 Proteus 仿真软件的元器件库里选出此次仿真需要用到的元器件，见表 6-10。

表 6-10　Proteus 仿真元件对照表

元　器　件	仿真元件
单片机	AT89C51
晶振	CRYSTAL
非极性电容	CAP
极性电容	CAPACITOR POL
电阻	RES
超声波传感器	HCSR04

或直接在 Keywords 文本框里按照元器件名称搜索，添加仿真元器件。仿真电路图如图 6-35 所示。

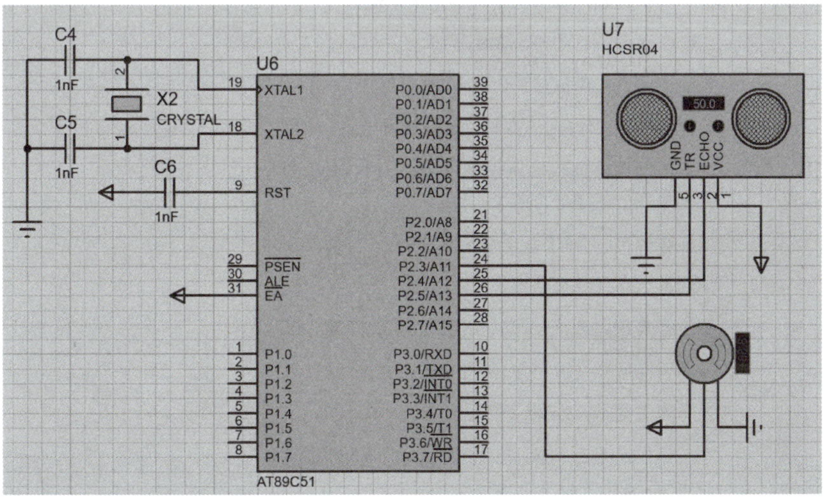

图 6-35　避障模块仿真电路图

素材

超声波模块电路原理图

学习笔记

4. 电路制作与调试

通过 Proteus 仿真验证后，就可以着手准备实物的制作了。本任务实物制作清单见表 6-11。

表 6-11 主要元件清单

名称	型号	封装	数量
单片机	STC89C51	双列直插 DIP40	1
IC 底座	40 脚	双列直插 DIP40	1
晶振	12 MHz	HC-49S	1
电阻	10 kΩ	AXIAL-0. 3	1
电容	30 pF	RAD-0. 1	2
电动机驱动	L293D	双列直插 DIP16	2
直流电动机	12 V	塑料封装	4
超声波传感器	HCSR04	模块	4

任务总结

本次任务是设计机器人的避障模块，完成机器人的避障功能。任务的重点是超声波测量的实现，其接口电路相对简单，程序需要使用到单片机的定时和计数配合使用。实际应用中，可以灵活确定传感器的数量和布局方式，形成最佳路径检测方案。

任务评价

本任务的评价类别、评价内容及所占分值见表 6-12。

表 6-12 任务评价

评价类别	评价内容	评价指标	分值	自我评价	小组评价	教师评价
专业知识	任务准备	是否掌握机器人避障的方式	5			
		是否掌握超声波模块避障的工作原理	5			
专业技能	任务实施	能够正确设计超声波测距程序	20			
		能够设计超声波接口电路	10			
		能够利用 Proteus 仿真软件绘制仿真电路	20			
		能够利用仿真软件调试硬件电路及程序，并能针对出现的问题进行解决	10			
		能够焊接、调试实际电路	5			
		能够撰写任务总结报告	5			
专业素质	核心素养	能否发现问题、分析问题、创新性解决问题	5			
		能否与同学交流协作，是否有团队合作意识	5			
		学习态度是否端正，是否积极参与教学活动	5			
		工作作风是否严谨，是否自觉遵章守纪	5			
总评			100			

学习笔记

任务拓展

通过舵机带动超声波传感器,实现左、前、右方向检测障碍物。

舵机的输入线共有三条,如图 6-36 所示,分别是电源线、地线和控制信号线。电源有两种规格,一种是 4.8 V,另一种是 6.0 V,分别对应不同的转矩标准,即输出力矩不同。

图 6-36　舵机

舵机旋转的角度是通过控制线上持续脉冲控制的,改变脉冲的宽度就可以控制舵机旋转的角度。这个脉冲信号的周期为 20 ms,当脉冲宽度为 1.5 ms 时,会到转动到中间位置(对于 180°舵机来说,就是 90°位置)。

脉冲只要一直存在,舵机就会保持这个角度,这时外力的影响不会让角度产生变化,但是这个是有上限的,上限就是它的最大扭力。

当舵机接收到一个小于 1.5 ms 的脉冲,输出轴会以中间位置为标准,逆时针旋转一定角度。接收到的脉冲大于 1.5 ms 情况相反。不同品牌,甚至同一品牌的不同舵机,都会有不同的最大值和最小值。一般而言,最小脉冲脉宽为 1 ms,最大脉冲脉宽为 2 ms,如图 6-37 所示。

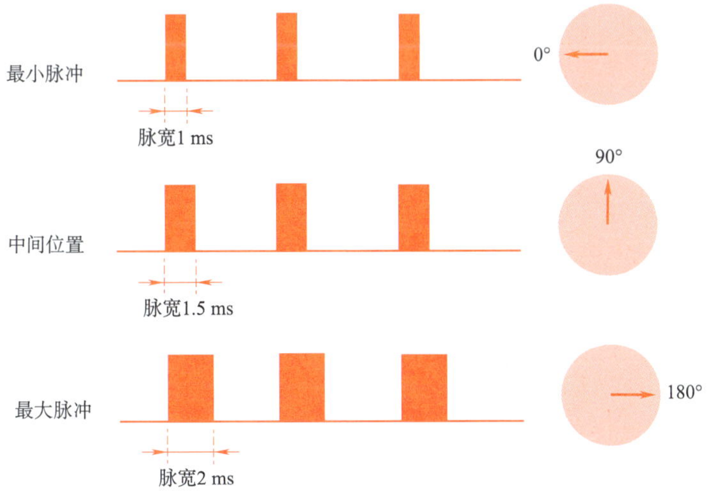

图 6-37　脉宽与角度的关系

学习笔记

知识训练

简答题

1. 超声波传感器模块是如何开始工作的?
2. 舵机的控制脉冲是如何决定旋转角度的?

附录 A　图形符号对照表

图形符号对照表见表 A-1。

表 A-1　图形符号对照表

名　　称	国家标准的画法	软件中的画法
发光二极管		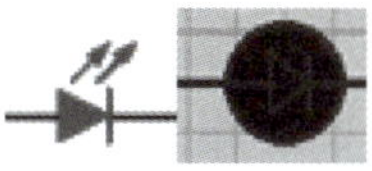
二极管		
极性电容器	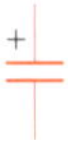	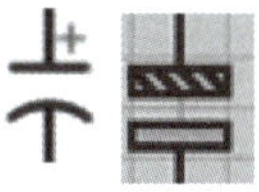
晶振		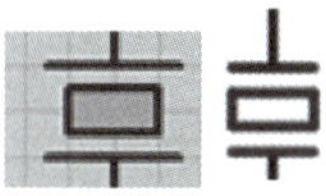
接地		
按钮开关		
晶体管		
电动机		
与非门	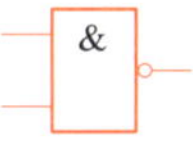	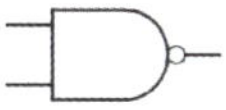
非门	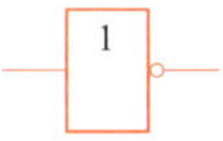	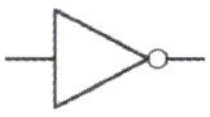
光电晶体管		

学习笔记

参 考 文 献

[1] 王静霞. 单片机应用技术:C 语言版[M]. 北京:电子工业出版社,2021.

[2] 朱才荣. 单片机应用系统设计与制作项目教程[M]. 北京:机械工业出版社,2023.

[3] 胡汉才. 单片机原理及其接口技术[M]. 北京:清华大学出版社,2020.

[4] 束慧. 单片机应用技术项目教程:C 语言版[M]. 北京:人民邮电出版社,2019.

[5] 李庭贵. C51 单片机应用技术项目化教程[M]. 北京:机械工业出版社,2017.

[6] 谭浩强. C 程序设计[M]. 2 版. 北京:清华大学出版社,2000.

[7] 郭天祥. 51 单片机 C 语言教程[M]. 北京:电子工业出版社,2009.

[8] 周灵彬. 基于 Proteus 和 Keil 的 C51 程序设计项目教程[M]. 北京:电子工业出版社,2021.